高等学校大学计算机课程系列教材

大学计算机实验教程

○ 主　编　刘文洋
○ 副主编　许晓强　杨宇姝　侯　薇
○ 参　编　郭玉环　王晓晨
○ 主　审　苏中滨

中国教育出版传媒集团

高等教育出版社·北京

内容提要

　　本书是"大学计算机"课程的上机实验指导教材。本书紧密结合"大学计算机"课程培养目标实践教学方面的要求,以提高教学实效、培养学生计算机实践能力、逻辑思维和解决问题的能力为中心,较为全面地讲述了常用的计算机基础实践教学内容。

　　全书根据"大学计算机"课程教学要求,针对 Windows 操作系统、Office 办公软件和主流程序设计工具的操作与使用编写了 6 个实验,主要内容包括:Windows 操作系统的基本操作、管理与维护功能的使用;Word 文档的创建、编辑与排版操作;Excel 工作表的基础操作、数据的管理、数据统计与查询、图表制作;演示文稿的创建、幻灯片的基础设置和设计;C 语言的常量与变量、格式化输入输出函数、语句结构;Python 的编程规范、程序运行方式和语法基础。这些实验都只涉及最为基础的知识和基本操作技能、应用能力,每个实验都由知识要点介绍和实验内容及其操作组成,通过知识要点介绍和实验操作引导学生掌握计算机操作的基本技能,掌握各种软件的基本功能和操作技巧。为强化对重点实践操作的熟练掌握,在每个实验后面附有少量操作作业。

　　本书适合作为普通高等学校非计算机专业"大学计算机"课程的实验指导教材。

图书在版编目(ＣＩＰ)数据

　　大学计算机实验教程 / 刘文洋主编;许晓强,杨宇姝,侯薇副主编. -- 北京 : 高等教育出版社,2023.9
　　ISBN 978-7-04-060626-3

　　Ⅰ.①大… Ⅱ.①刘… ②许… ③杨…④侯… Ⅲ.①电子计算机-高等学校-教材 Ⅳ.①TP3

　　中国国家版本馆 CIP 数据核字(2023)第 098310 号

Daxue Jisuanji Shiyan Jiaocheng

| 策划编辑 | 唐德凯 | 责任编辑 | 唐德凯 | 特约编辑 | 薛秋丕 | 封面设计 | 易斯翔 |
| 版式设计 | 杜微言 | 责任绘图 | 邓 超 | 责任校对 | 张 薇 | 责任印制 | 耿 轩 |

出版发行	高等教育出版社	网　　址	http://www.hep.edu.cn
社　　址	北京市西城区德外大街 4 号		http://www.hep.com.cn
邮政编码	100120	网上订购	http://www.hepmall.com.cn
印　　刷	鸿博昊天科技有限公司		http://www.hepmall.com
开　　本	787 mm×1092 mm　1/16		http://www.hepmall.cn
印　　张	12.25		
字　　数	270 千字	版　　次	2023 年 9 月第 1 版
购书热线	010-58581118	印　　次	2023 年 9 月第 1 次印刷
咨询电话	400-810-0598	定　　价	26.00 元

本书如有缺页、倒页、脱页等质量问题,请到所购图书销售部门联系调换
版权所有　侵权必究
物 料 号　60626-00

前言

当今社会信息技术发展日新月异，移动通信、物联网、云计算、大数据、人工智能这些新概念和新技术的出现，在人类生活的许多领域引发了一系列革命性的变革。信息技术已经融入社会的方方面面，深刻改变着人类的思维、生产、生活、学习方式，并展示了未来世界发展的前景。

在计算思维引领高等学校"大学计算机"课程改革的背景下，本书编写组编写了这本《大学计算机基础实验教程》，用于"大学计算机"课程的实践教学环节。全书根据"大学计算机"课程的教学基本要求设计了 6 个实验，主要针对 Windows 操作系统、Office 办公软件和主流程序设计工具编写了入门层次的实验，每个实验都由知识要点、实验目的、实验内容与实验作业组成，引导学生掌握计算机操作的基本技能，掌握各种软件的基本功能和操作技巧。本书的附录为习题部分，根据大学计算机课程的实际学习需要，收集了适合本科阶段学习使用的 5 组习题，供学生课后进行自我测试。

本书由刘文洋任主编，许晓强、杨宇姝、侯薇任副主编。其中实验 1 和实验 2 由刘文洋编写；实验 3 由许晓强编写；实验 4 和实验 5 由侯薇编写；实验 6 由杨宇姝编写；习题部分由许晓强编写。郭玉环和王晓晨参与了本书的资料收集、习题整理工作。全书由苏中滨主审。

书中使用的实验素材，可扫描下方二维码下载：

由于作者水平有限，书中难免存在不妥之处，恳请读者批评指正。

编者
2023 年 4 月

目录

实验 1

Windows 的基本操作

▶▶ 1.1 知识要点

Microsoft Windows 是由美国微软（Microsoft）公司研发的操作系统，主要运用于计算机、智能手机等设备，于 1983 年开始研发，最初的研发目标是在 MS-DOS 的基础上提供一个多任务的图形用户界面，最初的版本于 1985 年 11 月 20 日推出。

之后，微软公司经过对 Windows 的长期研发和改良，先后推出 Windows 98、Windows XP、Windows 7、Windows 10 等多款深受广大用户欢迎的操作系统。Windows 10 是美国微软公司研发的跨平台及设备应用的操作系统。Windows 10 的一大变化是"开始"菜单的回归，其"开始"菜单与旧版 Windows 非常相似，但增添了对 Windows 8 磁贴的支持。磁贴是可以移动、改变大小的，"开始"菜单也具有高度的可定制性。Windows 10 共有 7 个版本，分别是家庭版、专业版、企业版、教育版、移动版、企业移动版和 IoT Core 物联网核心套件。

2021 年，微软公司又推出了 Windows 11，在用户界面和设计、"开始"菜单和任务栏改进、任务管理器和控制面板设计等方面进行了大幅改善。

本书以 Windows 10 为例，介绍 Windows 操作系统的常用功能、工作模式、设置方式和使用方法。

▶ 1.1.1 Windows 的系统维护与安全

1. Windows 的自动更新

在本实验的学习中，读者会频繁使用到 Windows 10 的 Windows 设置和控制面板两项功能，传统的 Windows 操作系统中主要使用控制面板进行常用属性设置。到了 Windows 10 设计的时候，微软公司推出了 Windows 设置，本意是想用 Windows 设置完全代替控制面板，但是这个工作量太过庞杂，一朝一夕还不能完成，所以只能暂时让控制面板和 Windows 设置共存，随着 Windows 10、11 的界面设计逐渐完善，控制面板逐渐被 Windows 设置全面替代。

Windows 的自动更新（Windows Update）是各版本 Windows 操作系统普遍带有的一种自动更新工具，利用它可以更新驱动程序，并进行安全修复，一般用来为漏洞、驱动和软件提供修补、升级和更新。通过及时有效地进行各种插件和驱动的更新和漏洞的修复，可以使计算机的使用体验更流畅、更安全。自动更新的具体操作步骤如下。

（1）单击"开始"菜单中的"设置"按钮，如图 1-1 所示。

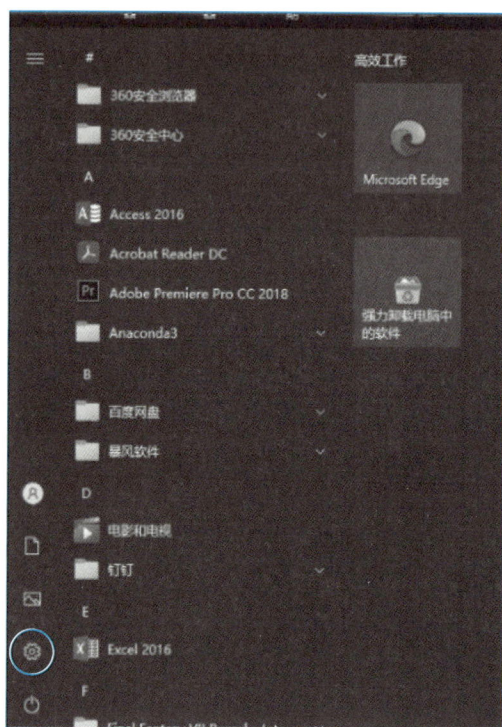

图 1-1 "开始"菜单中的"设置"按钮

（2）进入"Windows 设置"窗口，如图 1-2 所示，单击"更新和安全"，进入如图 1-3 所示的界面，单击左侧的"Windows 更新"，即可进行更新功能的设置。

图 1-2 "Windows 设置"窗口

图 1-3　Windows 更新界面

2. Windows 防火墙

防火墙可以是软件，也可以是硬件，它能够检查来自 Internet 或局域网的信息，然后根据防火墙设置阻止或允许这些信息进入计算机。

设置 Windows 10 自带的防火墙的方法如下。

打开控制面板，依次进入"系统和安全"→"Windows Defender 防火墙"，即可对当前已连接网络的防火墙监控状态进行管理，如图 1-4 所示。也可单击左侧的"启用或关闭 Windows Defender 防火墙"，选择启用或禁用防火墙。

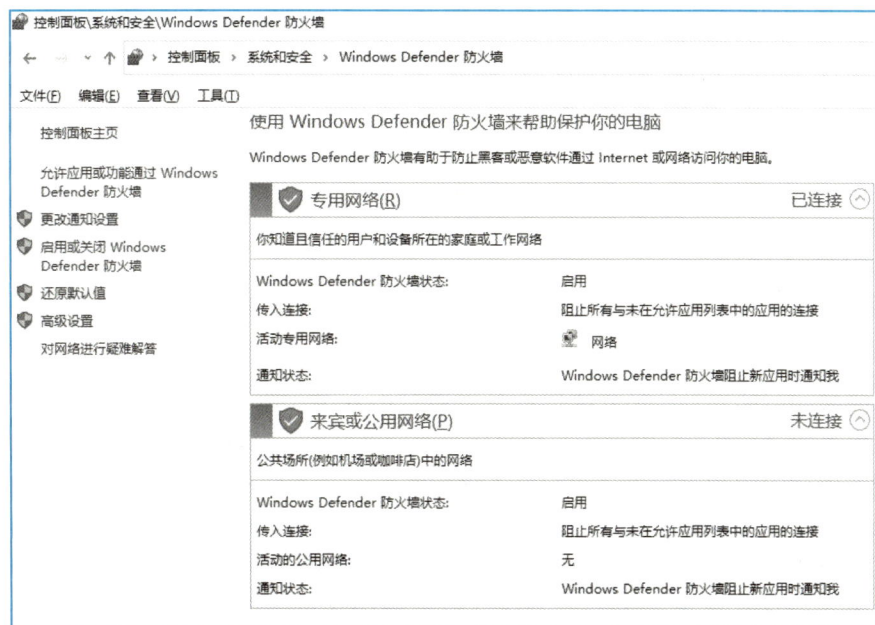

图 1-4　Windows 防火墙管理界面

3. 卸载程序

在 Windows 中可以对已经安装的、不再使用的应用程序进行卸载，这样做可以有效地释放磁盘空间，卸载自启动的程序后，还可以提高开机速度，减少系统资源占用。在 Windows 10 中卸载应用程序步骤如下。

（1）首先进入控制面板，在"程序"下方选择"卸载程序"。

（2）进入"卸载或更改程序"窗口，如图 1-5 所示，可看到已安装程序的列表。

（3）在已安装程序的列表中选择要卸载的程序，然后单击"卸载或更改"，即可按照向导进行卸载。

（4）单击左侧列表中"查看已安装的更新"，也可对 Windows 10 或 Office 等软件的更新进行删除。

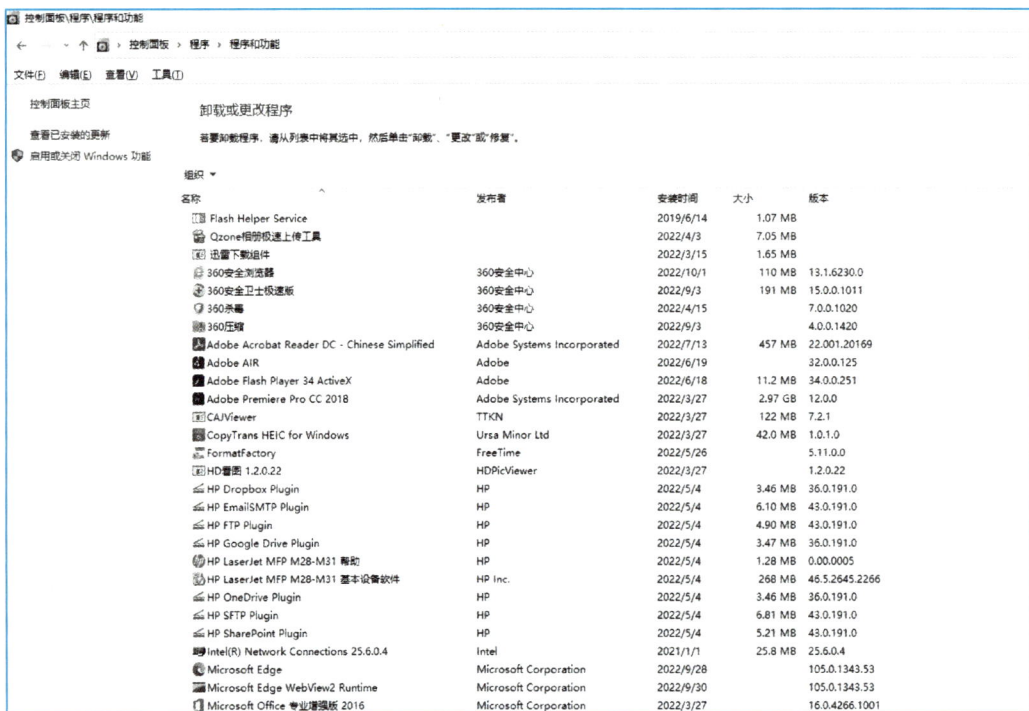

图 1-5 "卸载或更改程序"窗口

4. 使用磁盘清理工具释放磁盘空间

硬盘驱动器剩余空间过小会降低计算机运行的效率，而且也限制计算机装入新的内容。使用磁盘清理工具可以帮助用户释放硬盘驱动器空间，删除回收站的内容，删除临时工作文件、Internet 临时文件等，以提高系统性能。

使用磁盘清理工具的具体操作如下。

（1）单击 Windows 10 桌面的"此电脑"图标，进入资源管理器。

（2）右击要进行清理的驱动器分区，弹出快捷菜单，选择"属性"选项，即弹出

"属性"对话框,如图1-6所示。

(3)单击位于"属性"对话框"常规"选项卡中的"磁盘清理"按钮,磁盘清理工具即开始计算可清理的磁盘空间,并生成要删除文件的列表,如图1-7所示,用户进行选择后单击"确定"按钮即可完成清理。

图1-6 "属性"对话框

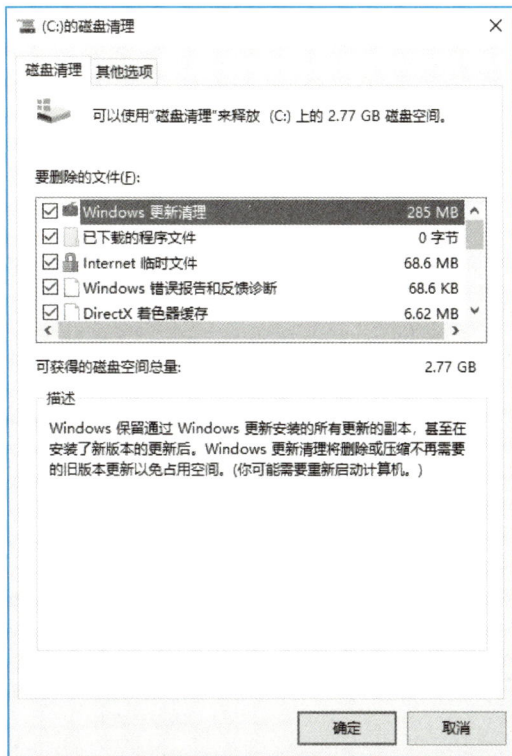

图1-7 使用磁盘清理工具生成要删除文件列表

5. 设备管理

可使用设备管理器对计算机中的设备进行管理,在"控制面板"→"系统和安全"→"系统"窗口下即可打开"设备管理器"窗口,如图1-8所示。设备管理器提供计算机上所安装硬件的图形视图。所有设备都通过一个称为"设备驱动程序"的软件与Windows通信。使用设备管理器可以安装和更新硬件设备的驱动程序、修改这些设备的硬件设置以及解决设备使用问题。

在"设备管理器"窗口中可以查看当前计算机所包含的设备,例如在图1-8中可以看到这台计算机的处理器是英特尔的i5-10400F,拥有两个磁盘驱动器,显示适配器是NVIDIA GeForce GTX 1060 3GB。

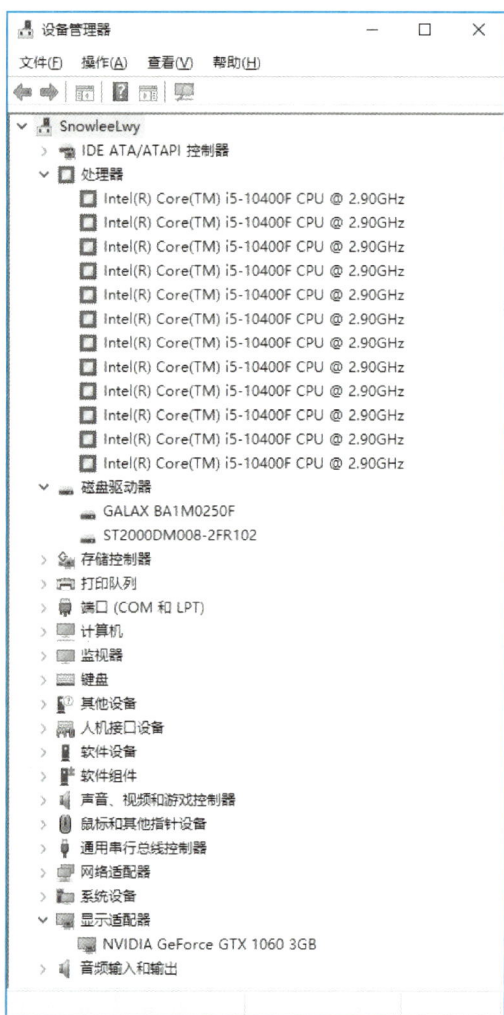

图 1-8　"设备管理器"窗口

6. 安装驱动程序

驱动程序（drive program）全称为设备驱动程序，是一种可以使计算机和设备通信的特殊程序，可以说相当于硬件的接口。操作系统只能通过这个接口，才能控制硬件设备的工作，假如某个设备的驱动程序未能正确安装，这个设备便不能正常工作。正因为这个原因，驱动程序在系统中的所占的地位十分重要，一般当操作系统安装完毕后，首要的便是安装硬件设备的驱动程序。

Windows 10 中已经包含了一些最为常用的硬件的驱动程序，连入这些硬件会自动安装驱动程序。但基于当前的兼容机环境，硬件由众多不同的厂商制造，很多硬件仍然需要单独安装驱动程序。如果已经将驱动程序下载到本地硬盘，可以在 Windows 10 的设备管理器中，右击需要安装驱动程序的硬件，在弹出的快捷菜单中选择"更新驱动程序"，弹出如图 1-9 所示界面，即可按照向导指示完成安装。

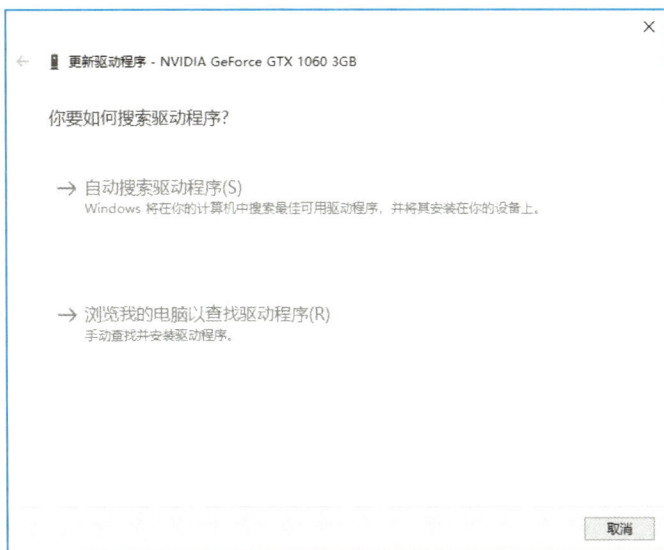

图 1-9　更新驱动程序界面

因为计算机中硬件复杂多样，很多用户不能有效地管理驱动程序，因此出现了很多辅助工具软件，帮助用户查找未安装驱动程序的硬件，并自动从互联网下载驱动程序、自动安装。常见的有 360 驱动大师、驱动人生、驱动精灵等。特别需要注意的是有部分计算机的网卡也无法使用 Windows 10 自动完成驱动程序安装，应特别为其做好驱动程序的备份。

7. 添加用户

在 Windows 系统中，用户名和密码对系统安全的影响毫无疑问是最重要的。通过一定方式获得计算机用户名，然后再通过一定的方法获取用户名对应的密码，已经成为许多黑客的重要攻击方式。即使现在防火墙软件不断涌现，功能也逐步加强，但是通过获取用户名和密码的攻击方式仍然时有发生。通过加固 Windows 系统用户的权限，在一定程度上对安全有着很大的帮助。

Windows 是一个支持多用户、多任务的操作系统，不同的用户在访问某台计算机时，将会有不同的权限。同时，对用户权限的设置也是基于用户和进程而言的，在 Windows 10 中，用户被分成许多组，不同组有不同的权限，并且一个组的不同用户（也称成员）也可以有不同的权限。单击"设置"→"账户"→"其他用户"，在打开的窗口中可以查看用户分组，也可添加新用户并设置分组，如图 1-10 所示。

以下是常见的用户组所具有的权限。

（1）Users：普通用户组，这个组的用户可以运行经过验证的应用程序，但不可以运行大多数旧版应用程序。Users 组是最安全的组，因为分配给该组的默认权限不允许成员修改操作系统的设置或用户资料。Users 组提供了一个最安全的程序运行环境。在经过 NTFS 格式化的卷上，默认安全设置旨在禁止该组的成员危及操作系统和已安装程序的完整性。用户不能修改系统注册表设置、操作系统文件或程序文件。Users 可以创建本地组，

图 1-10 查看用户分组

但只能修改自己创建的本地组。Users 可以关闭工作站，但不能关闭服务器。

（2）Power Users：高级用户组，组内用户可以执行除了为 Administrators 组保留的任务外的其他任何操作系统任务。分配给 Power Users 组的默认权限允许 Power Users 组的成员修改整个计算机的设置，但 Power Users 组内成员不具有将自己添加到 Administrators 组的权限。在权限设置中，这个组的权限是仅次于 Administrators 的。

（3）Administrators：管理员组，默认情况下，Administrators 组中的用户对计算机/域有不受限制的完全访问权。分配给该组的默认权限允许对整个系统进行完全控制。一般来说，应该把系统管理员或者与其有着同样权限的用户设置为该组的成员。

（4）Guests：客户组（也称来宾组），客户组跟普通组 Users 的成员有同等访问权，但客户账户的限制更多。

▶ **1.1.2 文件资源管理器**

1. 了解文件资源管理器

文件资源管理器是 Windows 10 的图形界面外壳程序，在旧版 Windows 中被称为资源管理器，它是一个很有用的系统进程。文件资源管理器为用户提供了图形用户界面，简单说就是用来显示系统的桌面环境，包括开始菜单、桌面下方的任务栏和桌面图标等。在"开始"菜单中，单击"文件资源管理器"，可打开包含各个磁盘分区、光盘驱动器、U盘的窗口，如图 1-11 所示，在此窗口中可对各个存储器中的文件进行管理。

图 1-11　"文件资源管理器"窗口

2. 布置桌面图标

在 Windows 10 完成安装后，可对桌面上的系统默认图标进行配置。在桌面空白位置右击，在弹出的快捷菜单中选择"个性化"，弹出"个性化"设置窗口，在左侧单击"主题"，然后在右侧单击"桌面图标设置"，即可在打开的对话框中配置 Windows 10 系统中的各重要桌面图标，如"计算机""用户的文件""回收站""控制面板"和"网络"等，如图 1-12 所示。

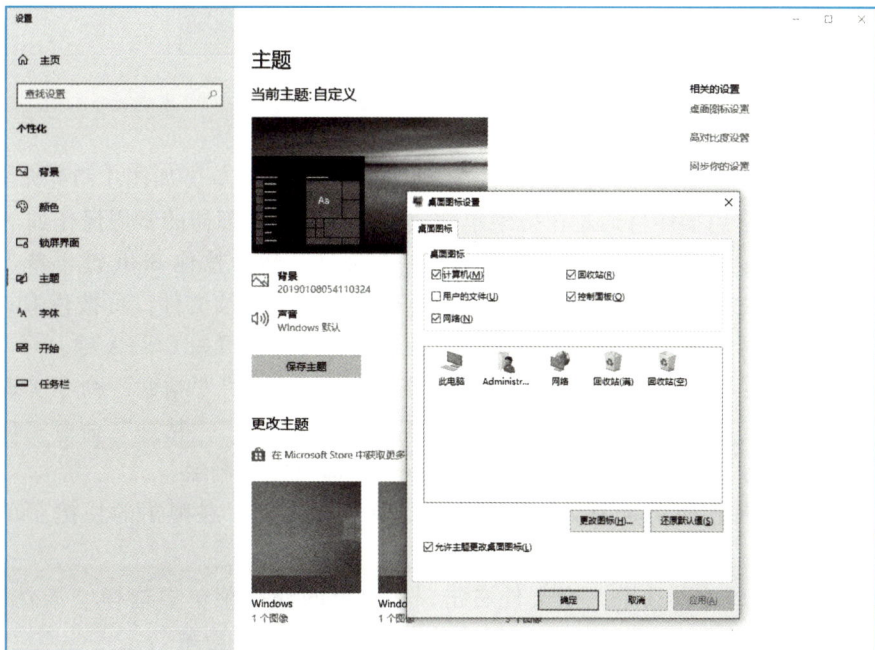

图 1-12　设置桌面图标

3. 设置文件资源管理器选项

使用"控制面板"→"外观和个性化"→"文件资源管理器选项"可打开"文件资源管理器选项"对话框，用于设置文件资源管理器的显示内容，包括隐藏文件的显示、文件扩展名是否隐藏和系统文件的显示等，如图1-13所示。

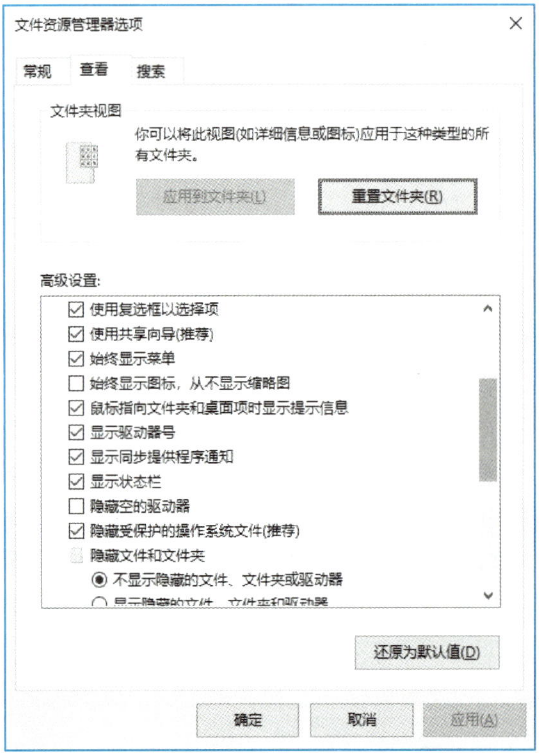

图1-13　"文件资源管理器选项"对话框

4. 进行文件资源管理器常用操作

右击文件资源管理器中的文件或文件夹，即可弹出快捷菜单，如图1-14所示，文件资源管理器的多数常用操作可通过快捷菜单完成。文件资源管理器的常用操作如下。

（1）选定文件：选择连续文件，可先单击一个文件，然后按住Shift键再单击另一个文件，则两个文件之间的所有文件被选中；若要选择多个不连续文件，可按住Ctrl键，用鼠标逐个单击要选择的文件；要全部选择当前目录所有文件，可按Ctrl+A键。

（2）复制文件：右击操作对象，使用快捷菜单中的"复制""粘贴"命令实现。

（3）剪切文件：右击操作对象，使用快捷菜单中的"剪切""粘贴"命令实现。

（4）删除文件：选定一个文件，直接按Delete键即可完成删除。

（5）重命名文件：两次单击文件或选定一个文件后右击，在弹出的快捷菜单中选择"重命名"命令。

（6）修改文件属性：选定一个文件右击，在弹出的快捷菜单中选择"属性"命令，在打开的"属性"对话框的最下方将其属性设为"只读"或"隐藏"。

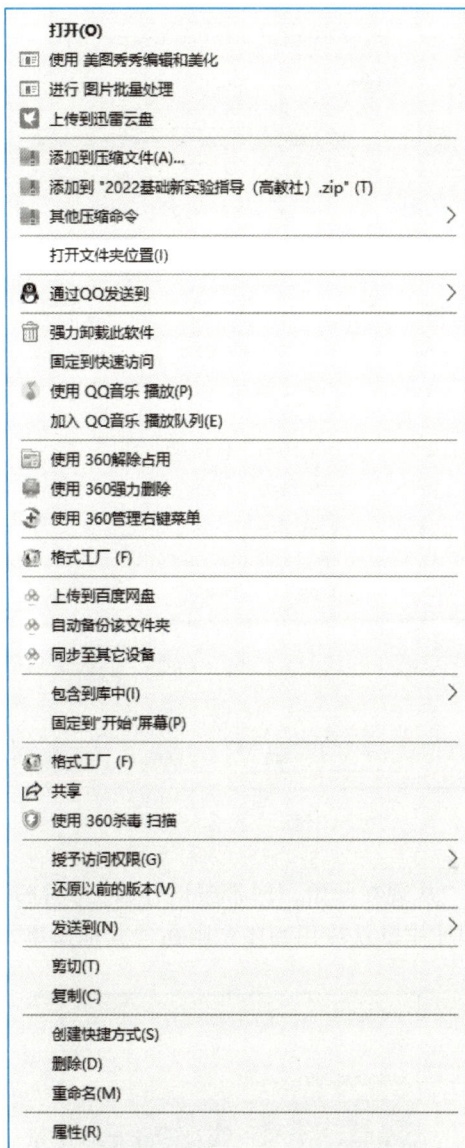

打开(O)
　使用 美图秀秀编辑和美化
　进行 图片批量处理
　上传到迅雷云盘

　添加到压缩文件(A)...
　添加到 "2022基础新实验指导（高教社）.zip" (T)
　其他压缩命令

　打开文件夹位置(I)

　通过QQ发送到

　强力卸载此软件
　固定到快速访问
　使用 QQ音乐 播放(P)
　加入 QQ音乐 播放队列(E)

　使用 360解除占用
　使用 360强力删除
　使用 360管理右键菜单

　格式工厂 (F)

　上传到百度网盘
　自动备份该文件夹
　同步至其它设备

　包含到库中(I)
　固定到"开始"屏幕(P)

　格式工厂 (F)
　共享
　使用 360杀毒 扫描

　授予访问权限(G)
　还原以前的版本(V)

　发送到(N)

　剪切(T)
　复制(C)

　创建快捷方式(S)
　删除(D)
　重命名(M)

　属性(R)

图 1-14　查看文件或文件夹的快捷菜单

5. 设置文件的打开方式

在文件资源管理器中双击部分类型的文件，操作系统会使用特定的应用程序直接将其打开，一般这是因为应用软件在安装的过程中，将该文件类型的打开方式关联到了系统设置中，即设置为使用特定应用程序打开该类型的文件。如果需要修改某种文件类型的打开方式，可使用如下方式操作。

（1）以扩展名为 ".pptx" 的文档为例，在文件夹中右击该文档，然后在弹出的快捷菜单中选择 "属性" 命令，打开 "属性" 对话框，单击 "更改" 按钮，如图 1-15 所示。

图 1-15 "属性"对话框

（2）此时会打开一个"从现在开始，你希望以什么方式打开.pptx 文件"对话框，如图 1-16 所示，如果不希望使用默认应用程序，则在"其他选项"中进行设置。

图 1-16 修改文件的打开方式

6. 了解 Windows 10 操作系统部分文件夹的功能

计算机使用过一段时间后，其硬盘空间占用会逐渐增加，用户会希望删除硬盘中特别是第一个硬盘分区 C 区中的部分无用文件。为此，了解 Windows 操作系统的常用文件夹的功能对于有效利用和管理硬盘空间十分必要。部分常用文件夹的功能如下。

（1）Windows

Windows 文件夹用于存放操作系统的主要文件，非常重要，不能删除，误删将造成系统崩溃。

（2）用户（Users）或者 Documents and Settings

Windows 10、Windows 7 中的"用户"文件夹其实就是 Windows XP 中的 Documents and Settings 文件夹，这里储存了用户的设置，包括用户文档、上网浏览信息、配置文件等数据。可以按需清理不需要的文件，如用户自己保存的图片、音乐、视频等文件。

（3）Program Files

该文件夹为应用程序文件夹，一般软件默认都安装在这里，也有一些系统自带的应用程序。该文件夹内的内容不要直接删除，如果想卸载某个软件，应在控制面板里卸载或者使用软件管家等管理软件卸载，而不是直接删除安装目录。

（4）Program Files（x86）

在 Windows 10、Windows 7 系统中，在 64 位计算机上会多出一个 Program Files（x86）文件夹，这是系统中 32 位软件的安装目录。

（5）AppData

该文件夹存放了在各种程序里的自定义设置，包括程序里个性化的设置。例如：管理日志和缓存数据，听音乐产生的缓存数据，扫描文件产生的缓存数据、扫描配置方案等。所以建议用户不要删除，如果删除，可能会使应用程序或者软件无法运行。

（6）Temp

该文件夹存放系统或者其他软件的临时文件，需经常清理。

（7）带有 Downloads 字样的文件夹

这通常是下载软件（例如百度网盘）的默认下载路径，不建议放在 C 盘，建议修改软件设置改到其他硬盘分区。文件夹里面的数据都可以删除，重要的下载资源要记得备份。

（8）Drivers 或者 MyDrivers

该文件夹是驱动程序管理软件放置部分驱动程序的文件夹。

▶ 1.1.3 Windows 外观个性化与功能设置

1. 更改主题

主题是计算机上的图片、颜色和声音的组合，包括桌面背景、屏幕保护程序、窗口边框颜色和声音方案等，某些主题也可能包括桌面图标和鼠标指针方案。

右击桌面空白处，在弹出的快捷菜单中选择"个性化"命令，打开"个性化"窗口，如图 1-17 所示，单击左侧的"主题"，即可在 Windows 10 提供的多个主题中进行选择。还可以更改主题的图片、颜色和声音来创建自定义主题。

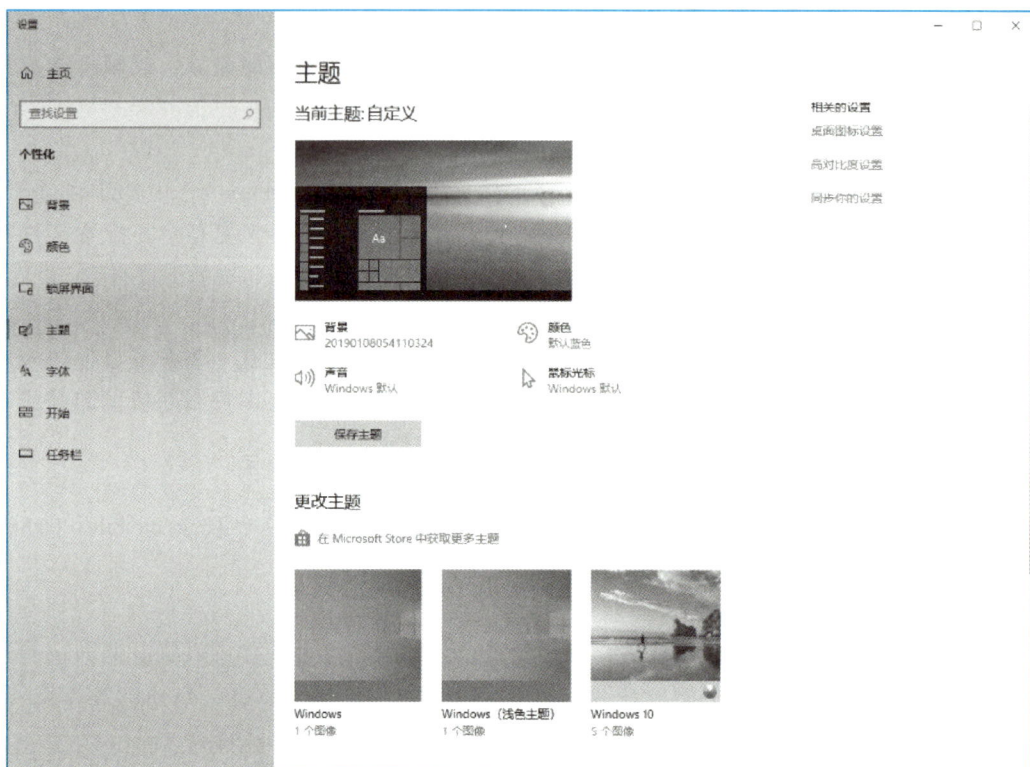

图 1-17　"个性化"窗口

2. 日期和时间

Windows 10 支持用户将计算机的时钟、日历更改成与当前国家（地区）和时区的相匹配。计算机系统能够自动记录时间，用户可以在任务栏的右侧看到当前时间。有时候时间会出现误差，或者用户为了避开某些程序的限制，需要调整日期和时间。日期和时间常用设置如下。

（1）在任务栏右侧显示了当前日期和时间，单击此位置，会弹出"日历"对话框。

（2）单击"日历"对话框中的"日期和时间设置"选项，打开"日期和时间"窗口，如图 1-18 所示。

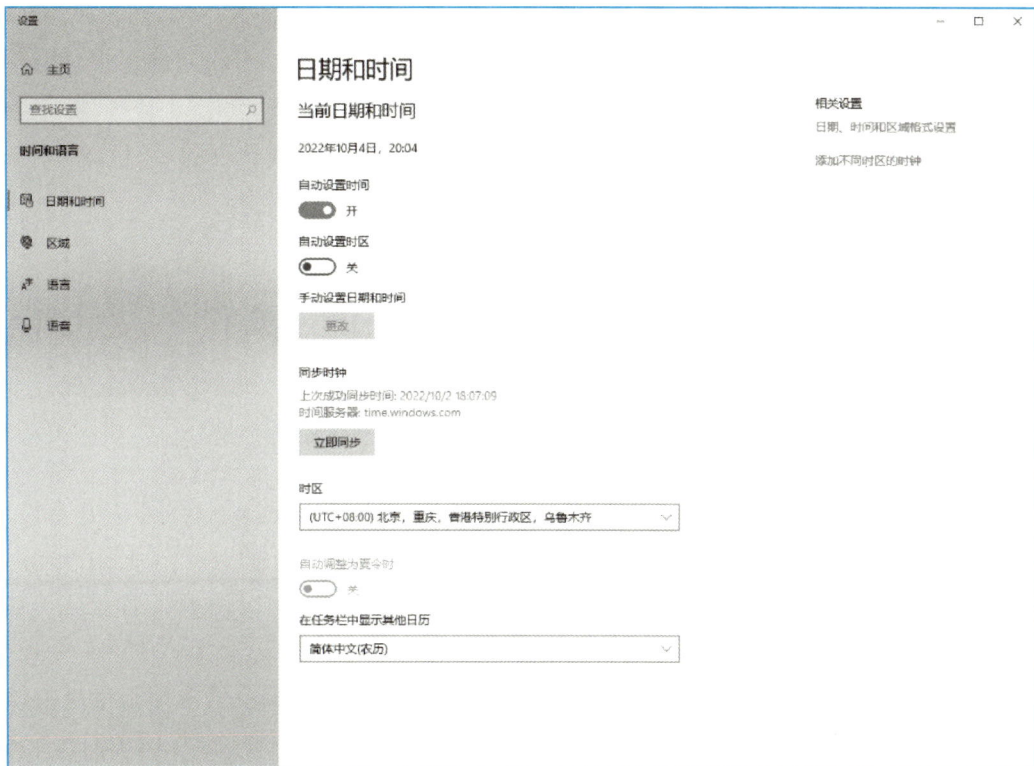

图 1-18 "日期和时间"窗口

（3）如需使计算机时钟和 Internet 时间服务器进行一次同步，以校正本机的时间，可单击"日期和时间"窗口中的"立即同步"按钮。

（4）如需手动设置时区，则需要关闭"自动设置时区"选项，并在"时区"下拉列表中进行选择。

（5）如为了避开某些程序的限制，要更改时间，需关闭"自动设置时间"选项，单击"手动设置日期和时间"下方的按钮完成设置。

3. 安装语言

在中华人民共和国范围内购买的 Windows 10 操作系统，语言默认提供的是中文和英语，如需其他语言，可进入"设置"窗口，单击"时间和语言"选项，在左侧列表中选择"语言"，如图 1-19 所示，然后右侧单击"添加语言"按钮，在弹出的语言列表中进行选择，安装其他语言，如图 1-20 所示。

图 1-19 "语言"设置窗口

图 1-20 安装语言的列表

1.2 实验目的

（1）了解 Windows 窗口和文件资源管理器，掌握常用功能。

（2）掌握窗口、菜单、任务栏和任务管理器的基本操作。

（3）掌握控制面板中部分项目的设置，重点掌握网络和共享中心的设置和计算机管理工具的使用。

（4）掌握 Windows 10 中命令提示符的基本使用方法。

（5）掌握对驱动器进行优化和碎片整理的基本方法。

1.3 实验内容

1.3.1 调整 Windows 窗口的大小

【实验要求】

（1）调整窗口的大小，进行窗口的最大化、最小化。

（2）拖放窗口的位置。

（3）关闭窗口。

【实验步骤】

（1）双击"此电脑"图标，打开"此电脑"窗口。

（2）使用标题栏上最大化按钮、最小化按钮将窗口最大化、还原、最小化。

（3）在"此电脑"窗口不处于最大化、最小化状态时，尝试拖动窗口：单击"此电脑"窗口的标题栏，按住鼠标将窗口拖动到桌面右下角。

（4）在"此电脑"窗口不处于最大化、最小化状态时，通过拖动窗口边框来调整窗口的大小。

（5）使用关闭按钮、"文件"菜单的"关闭"命令、按 Alt+F4 键等方法关闭窗口。

1.3.2 切换中英文输入法

【实验要求】

（1）在各个输入法之间进行切换。

（2）在输入法的中英文状态之间进行切换。

（3）在输入法的中英文标点之间进行切换。

【实验步骤】

（1）将鼠标移到任务栏右侧的输入法图标位置，单击可切换输入法。

（2）中英文之间的切换：使用快捷键"Ctrl+空格"。

（3）各个输入法间的切换：使用快捷键"Ctrl+Shift"。

（4）中英文标点之间的切换：使用快捷键"Ctrl+."，部分输入法可在其输入法工具栏上单击按钮切换。

▶ 1.3.3　进程查看与操作

【实验要求】

（1）使用任务管理器关闭暂时不用的部分进程，减少操作系统中各应用程序对硬件资源的占用。

（2）使用任务管理器查看系统硬件资源占用状态。

【实验步骤】

（1）在任务栏中右击，在弹出的快捷菜单中选择"任务管理器"，出现如图 1-21 所示的窗口。

图 1-21　"任务管理器"窗口

（2）关闭一个进程：单击"详细信息"，选择"进程"选项卡，如图 1-22 所示，选中后台进程或应用，单击"结束任务"按钮，或在右键快捷菜单中选择"结束任务"命令，即可关闭进程，以释放其占用的内存等资源。例如右击"Windows 资源管理器"，在弹出的快捷菜单中选择"结束任务"命令，任务栏和桌面就都被关闭了，此时 Windows 将无法有效使用。

（3）查看系统硬件资源占用：选择"性能"选项卡，如图 1-23 所示，可查看处理器（CPU）、内存、网络连接、图形处理器（GPU）的资源占用比例。

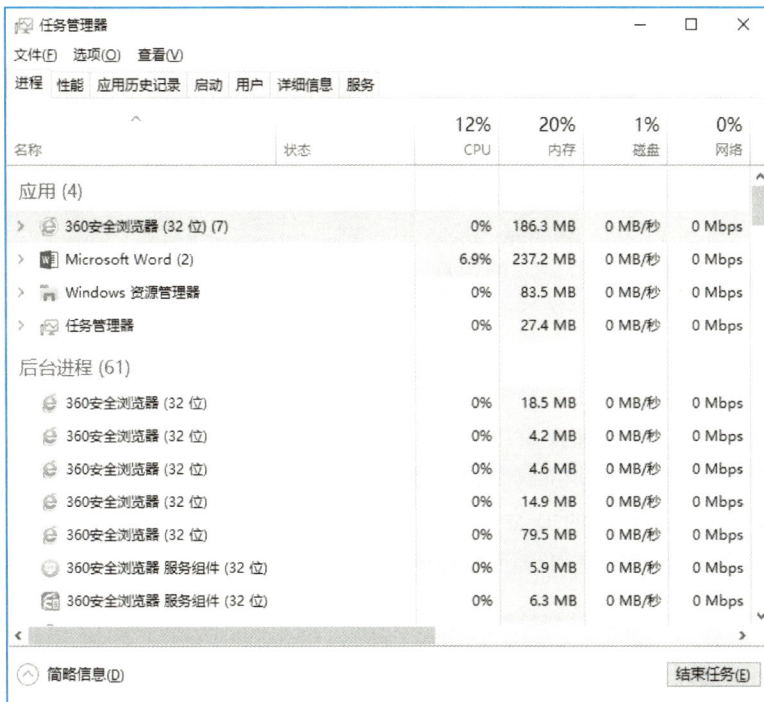

图 1-22 查看与关闭进程

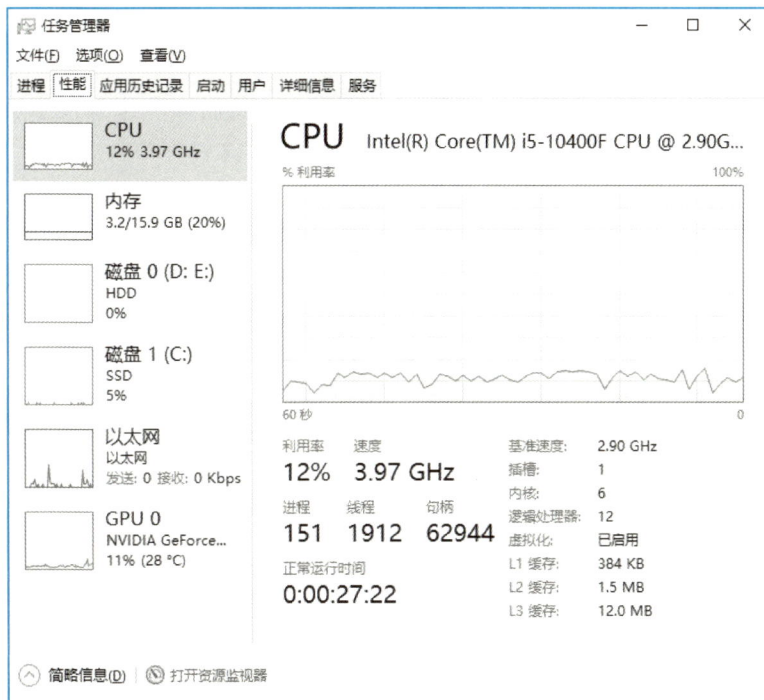

图 1-23 "性能"选项卡

1.3.4　文件资源管理器的使用

【实验要求】

（1）熟悉文件资源管理器的窗口结构。

（2）掌握文件资源管理器的基本操作，重点掌握对文件、文件夹的操作。

【实验步骤】

（1）了解文件资源管理器窗口的组成

Windows 10 系统在文件资源管理器的功能设计方面较之前的版本更为全面，文件资源管理器窗口包括了标题栏、菜单栏、导航窗格、预览窗格、搜索栏、状态栏等功能区域。在窗口左侧的导航窗格，将计算机中的文件资源分为快速访问、此电脑和网络等类别，方便用户更好更快地组织、管理及应用文件资源。

（2）使用文件资源管理器进行基础操作练习

① 在计算机硬盘驱动器的 D 分区中，使用鼠标右键快捷菜单创建一个文件夹，其名为 A05200001，读者也可以使用自己的名字或学号命名。

② 在上一步创建的文件夹中，使用鼠标右键快捷菜单为其创建两个子文件夹，分别命名为"Office 练习"和"文件搜索练习"。

③ 在上一步创建的"Office 练习"文件夹中，创建"Microsoft Word 文档"一个，并将其命名为"Word 练习.docx"，注意".docx"和后续提到的".xlsx"".pptx"都是表示文件类型的扩展名，不需要自己打字输入；创建"Microsoft Excel 工作表"一个，并将其命名为"Excel 练习.xlsx"；创建"Microsoft PowerPoint 演示文稿"一个，并将其命名为"PowerPoint 练习.pptx"。

④ 将"Office 练习"文件夹中的"Excel 练习.xlsx"复制到"文件搜索练习"文件夹中，将"PowerPoint 练习.pptx"剪切到"文件搜索练习"文件夹中。

⑤ 将"文件搜索练习"文件夹中的"Excel 练习.xlsx"重命名为"电子表格练习.xlsx"。

⑥ 将"Office 练习"文件夹中的"Word 练习.docx"设为隐藏文件：右击该文件，弹出快捷菜单，选择"属性"，在"属性"对话框中设置"隐藏"属性。

⑦ 查看隐藏文件、系统文件、显示扩展名：打开"控制面板"，进入"外观和个性化"，打开"文件资源管理器选项"对话框，在"查看"选项卡设置隐藏文件可查看、系统文件可查看、显示扩展名，如图 1-24 所示。

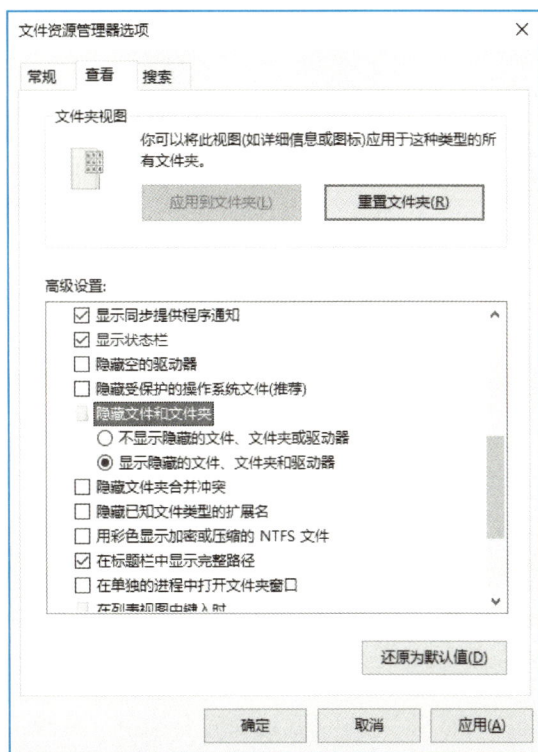

图 1-24　文件资源管理器选项的设置

1.3.5　搜索文件

当用户要查找一些文件名具有某些特征、或者文件大小在特定范围、创建时间在特定区间的文件或文件夹时，可以使用文件资源管理器中的"搜索"栏。

【实验要求】

使用文件资源管理器中的"搜索"栏在磁盘的 C 分区中查找所有扩展名为.jpg、大小在 16 KB~1 MB 范围的文件（包括子文件夹），并将其中一个文件复制到"文件搜索练习"文件夹。

【实验步骤】

（1）在文件资源管理器中进入磁盘的 C 分区。

（2）在文件资源管理器中右上方的"搜索"栏输入 * .jpg。

（3）在文件资源管理器上方工具栏的"搜索"选项卡中，单击"大小"下拉按钮，选择"小（16 KB-1 MB）"，如图 1-25 所示。

（4）设置完"大小"后，搜索自动开始，在当前窗口中会列出符合要求的文件，复制其中一个到"文件搜索练习"文件夹中。

图 1-25　在文件搜索中设置"大小"条件

▶ 1.3.6　使用"计算机管理"工具

【实验要求】

使用"计算机管理"工具查看操作系统的磁盘管理状态、管理和查看操作系统的服务和应用程序。

【实验步骤】

（1）打开"控制面板"窗口，单击"系统和安全"→"管理工具"图标。

（2）单击"计算机管理"图标，在打开的窗口中可以查看操作系统的磁盘管理状态、操作系统的任务计划，管理和查看操作系统的服务和应用程序，如图 1-26 所示。

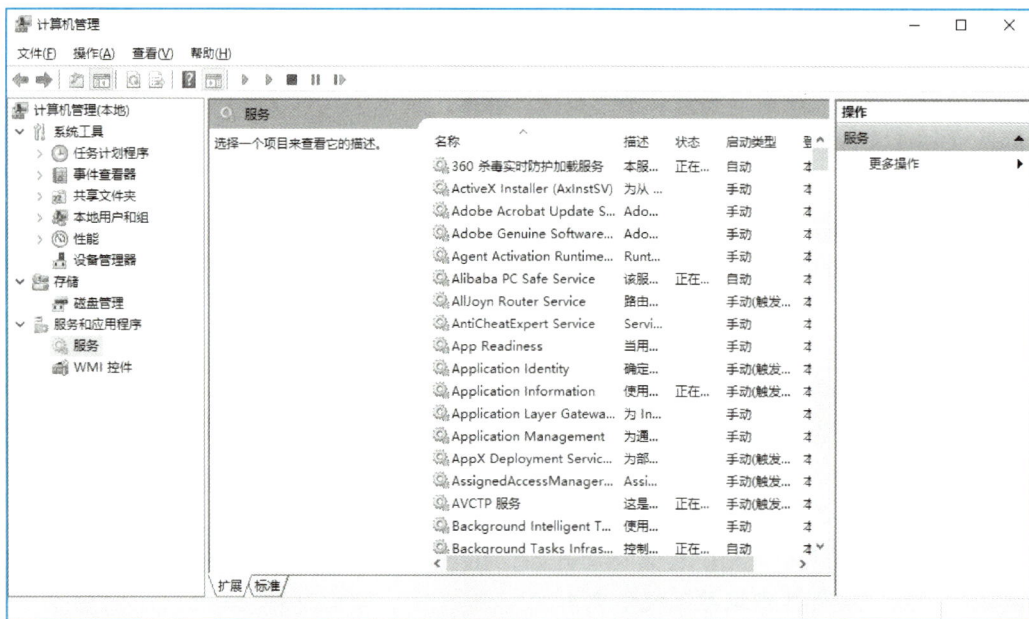

图 1-26　查看操作系统的服务和应用程序

1.3.7　网络和共享中心的设置

【实验要求】

查看当前计算机的高级共享设置，设置当前计算机的 IP、DNS、子网掩码以及安装协议等网络连接数据。

【实验步骤】

（1）打开"控制面板"窗口，单击"网络和 Internet"→"网络和共享中心"图标，可以在打开的窗口中查看网络基本信息并设置连接，如图 1-27 所示。

图 1-27　网络和共享中心

（2）如果当前计算机在局域网中无法正常和其他计算机、设备通信，可以单击"更改高级共享设置"，进入图 1-28 所示的窗口，设置网络发现、文件和打印机共享。

（3）如果需要对连接属性进行设置或修改，可在"网络和共享中心"中单击"以太网"图标，进入"以太网状态"对话框，如图 1-29 所示，可以在此对话框中设置 IP、DNS、子网掩码以及安装协议等网络连接数据。

图 1-28 "高级共享设置"窗口

图 1-29 "以太网状态"对话框

1.3.8 Windows 10 中的命令提示符

【实验要求】

了解和掌握 Windows 10 中的命令提示符，掌握部分常用命令。

【实验步骤】

（1）了解命令提示符的概念

命令提示符是在操作系统中，提示进行命令输入的一种工作提示符。在不同的操作系统环境下，命令提示符各不相同。在 Windows 环境下，命令行程序为 cmd.exe，是 Windows 系统基于 Windows 上的命令解释程序，类似于 DOS 操作系统。输入一些命令，cmd.exe 可以执行这些命令，例如输入 shutdown -s 就会在 30 秒后关机，也可以执行 BAT 文件。

（2）进入命令提示符状态

首先进入 Windows 的运行窗口，可以通过"开始"菜单→"Windows 系统"→"运行"进入，也可直接使用 Win（Windows 徽标键）+R 组合键，在"运行"对话框的"打开"文本框中输入 cmd 或 cmd.exe 按回车键即可进入命令提示符状态。

（3）在命令提示符状态查看可执行命令

在命令提示符后输入 Help，按回车键执行，即显示可执行的命令，如图 1-30 所示。

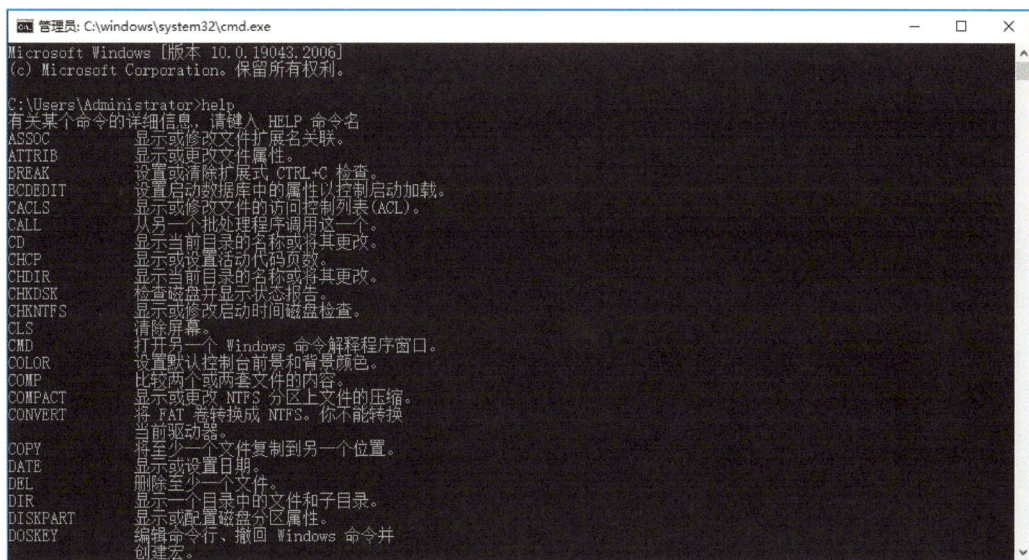

图 1-30　查看命令提示符状态中可执行的命令

（4）在命令提示符状态查看 Windows 版本

方法：在命令提示符后输入 winver 命令，按回车键执行，如图 1-31 所示。

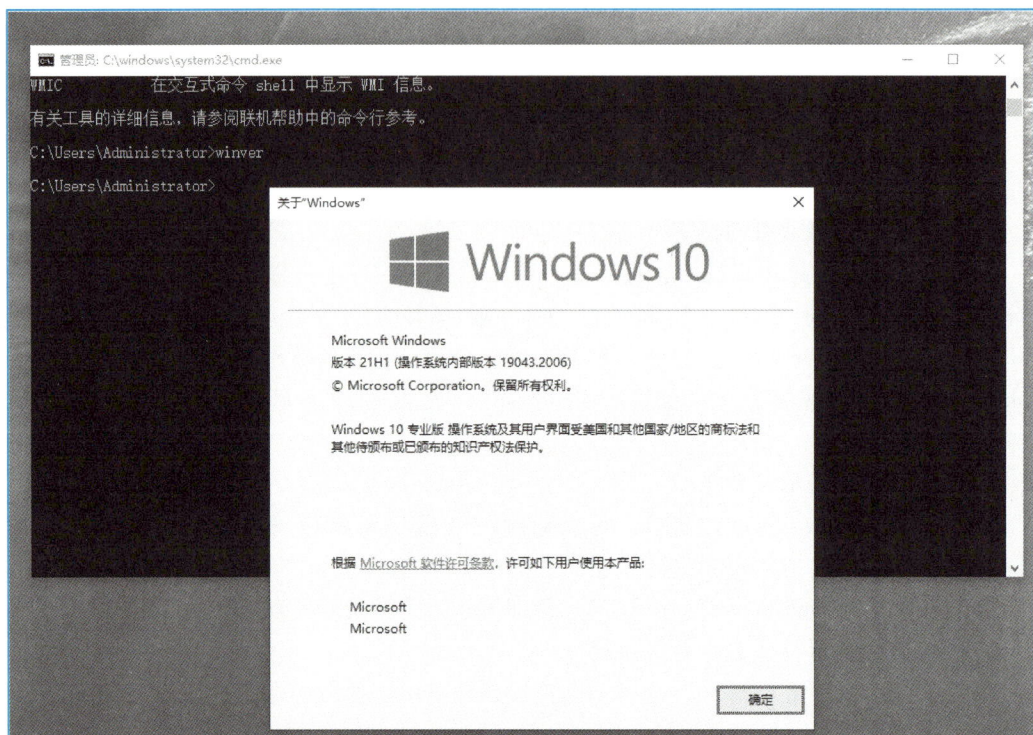

图 1-31　使用命令提示符查看 Windows 版本

1.3.9　对驱动器进行优化和碎片整理

当应用程序运行所需的物理内存不足时，操作系统通常会在硬盘中生成临时交换文件，用该文件所占用的硬盘空间虚拟成内存。虚拟内存管理程序会对硬盘频繁读写，产生大量的碎片，这是产生硬盘碎片的主要原因。其他如浏览器浏览信息时生成的临时文件或临时文件目录的设置也会在系统中形成大量的碎片。文件碎片一般不会在系统中引起问题，但文件碎片过多时，会使系统在读文件的时候来回寻找，引起硬盘性能下降，严重的还会缩短硬盘寿命。优化和碎片整理程序是 Windows 10 中的一种实用工具，用于合并计算机硬盘上存储在不同碎片上的文件和文件夹，从而使这些文件和文件夹中的任意一个都只占据磁盘上的一块空间。将文件首尾相接整齐存储而没有碎片时，磁盘读写速度将加快。

【实验要求】

了解和掌握 Windows 10 中的优化和碎片整理程序，对计算机的磁盘分节进行优化和碎片整理。

【实验步骤】

（1）双击桌面的"此电脑"图标，右击要进行优化和碎片整理的磁盘分区，在弹出的快捷菜单中选择"属性"，弹出如图 1-32 所示的对话框。

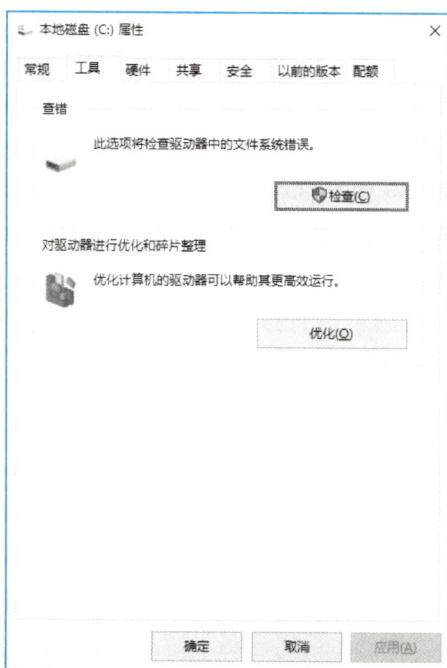

图 1-32 "属性"对话框的"工具"选项卡

（2）单击"工具"选项卡，单击"对驱动器进行优化和碎片整理"中的"优化"按钮，会弹出"优化驱动器"对话框，如图 1-33 所示，选中需要进行优化和碎片整理的磁盘分区，单击"优化"按钮即可完成优化和碎片整理。

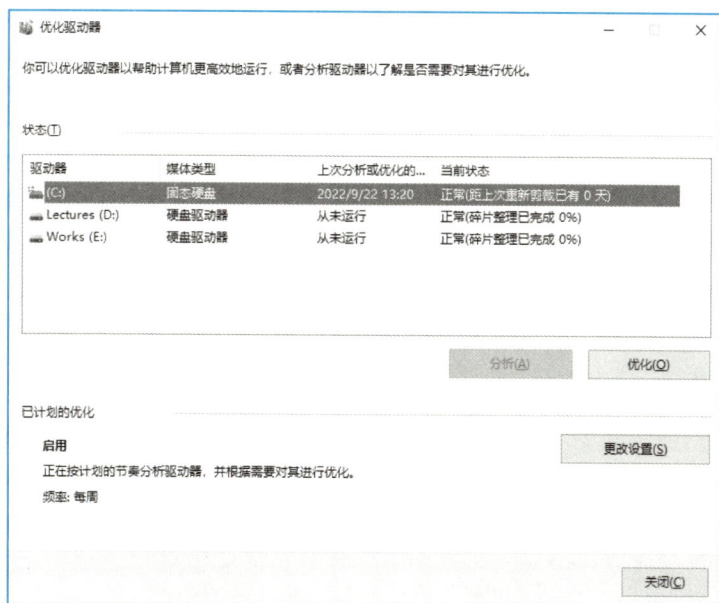

图 1-33 "优化驱动器"对话框

▶▶ 1.4 实验作业

1. 在桌面上创建一个"写字板"的快捷方式。

2. 在硬盘的 D 分区，建立一个 Word 文档。按 Print Screen 键将整个屏幕复制下来，粘贴到此 Word 文档中。

3. 使用设备管理器查看完成本次实验所用的计算机的硬件配置，将处理器（CPU）、图形处理器（GPU）、磁盘驱动器的信息记录下来，保存在一个 Word 文档中。

实验 2

Word 的编辑与排版

▶▶ 2.1　知识要点

Word 是 Microsoft 公司开发的 Office 办公软件的组件之一，主要用于文字处理。使用 Word 可以轻松、高效地组织和编写文档，其增强后的功能可用于创建专业水准的文档，使人们更方便地与他人协同工作并可在任何地点访问其文件。Word 凭借其友好的界面、方便的操作、完善的功能和易学易用等诸多优点已成为众多用户进行文档创建的主流软件。

▶ 2.1.1　Word 2016 功能区与选项卡

本书以 Word 2016 为例，引导读者学习 Word 的编辑排版功能。Word 2016 提供了功能更为全面的文本和图形编辑工具，同时采用以结果为导向的全新用户界面。相对于早期 Office 办公软件版本，传统的菜单和工具栏已经被功能区（如图 2-1 所示）所代替。功能区是一种全新的设计，它以选项卡的方式对命令进行分组和显示，各分组称为选项组，可简称为组。功能区上的选项卡在排列方式上与用户所要完成的任务的顺序相一致，并且选项卡中命令的组合方式更加直观，大大提高了应用程序的可操作性。

图 2-1　Word 2016 的功能区

在 Word 2016 中，功能区拥有"文件""开始""插入""设计""布局""引用""邮件""审阅""视图"等编辑文档的选项卡。同样，在 Excel、PowerPoint 等组件的功能区中也拥有一组类似的选项卡。这些选项卡可引导用户开展各种工作，简化对应用程序中多种功能的使用方式，并会直接根据用户正在执行的任务来显示相关命令。

▶ 2.1.2　Word 的后台视图

功能区中包含了用于在文档中工作的命令集，后台视图则是用于对文档或应用程序执行操作的命令集。

单击"文件"选项卡，即可查看 Word 的后台视图，如图 2-2 所示。在后台视图中可以管理文档和查看有关文档的相关数据。例如：创建、保存和共享文档；检查文档中是否包含隐藏的个人信息；保护文档选项；设置 Word 选项（如图 2-3 所示）以实现各类自定义设置；等等。

图 2-2　Word 的后台视图

图 2-3　Word 选项设置

2.1.3　创建 Word 文档

可在 Word 2016 中可通过以下方式创建 Word 文档：单击"文件"选项卡，执行"新建"命令，即可看到如图 2-4 所示的新建文档界面。

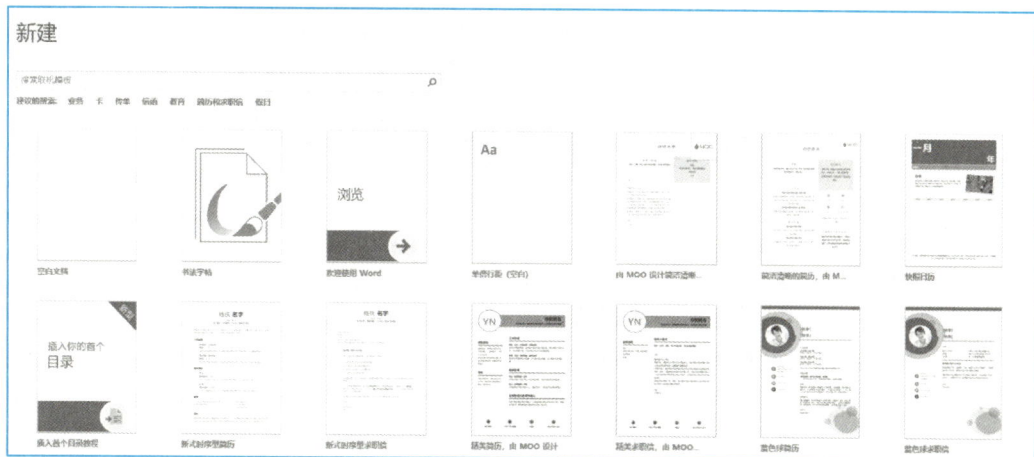

图 2-4　新建文档界面

单击"空白文档"，会基于默认的 Normal 模板自动创建一个空白文档。单击其余命令选项则可以使用模板创建新文档，Word 2016 中提供了多种模板，用户可以根据具体的应用需要选用不同的模板，模板的使用可以有效地提升用户的工作效率。

2.1.4　Word 的编辑功能

1. 输入文本

创建了新文档后，在文本编辑区域将会出现一个闪烁的光标，它表明了目前文档的输入位置，用户可以由此开始输入文档内容。

只要安装了语言支持的功能，就可以在文档中输入各种语言的文本。例如，安装了 Office 后，"微软拼音"输入法就会被自动安装，当然用户也可以安装自己需要的输入法，如当前流行的 QQ 拼音、搜狗拼音输入法等。打开输入法的操作步骤如下。

（1）单击任务栏上"输入法"选项，打开输入法选项框，如图 2-5 所示，从中可以选择合适的输入法；也可以按 Shift+Alt 键切换成其他已安装的输入法。

（2）按 Shift+Space（空格）键可在半角/全角之间进行切换；按 Shift 键可在中英文输入法之间转换。

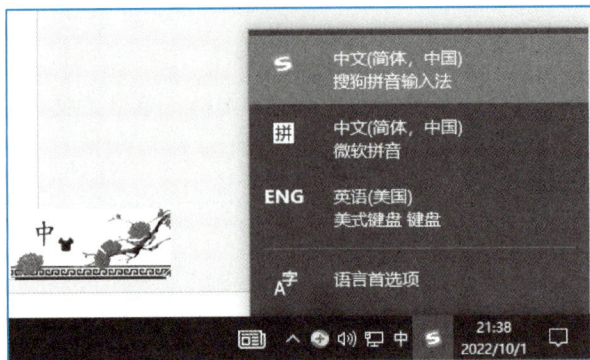

图 2-5　输入法选项框

2. 数字的输入

当用户要输入一般的数字时，可以直接按键盘的数字键。但如果需要输入带有格式的数字编号，则需选择"开始"选项卡→"段落"组→"编号"命令，出现如图 2-6 所示的编号列表。

图 2-6　编号列表

用户可首先选中要增加编号的段落，然后在编号列表中选择一种编号类型。

3. 符号的输入

选择"插入"选项卡，单击"符号"组中的"符号"下拉按钮，即可选取一个符号。

单击"插入"选项卡→"符号"组→"符号"下拉按钮→"其他符号"，即会弹出如图2-7所示的"符号"对话框。在"符号"对话框内有一系列的符号供选取。

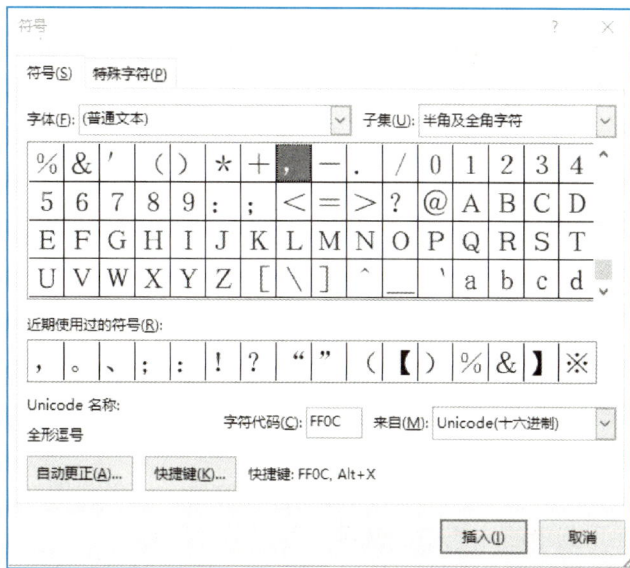

图2-7　"符号"对话框

4. 选取要编辑的内容

（1）拖动鼠标选择文本

在要选定文本的开始位置按住鼠标左键不放，拖动鼠标直到要选取的文本全部反白显示后，释放鼠标左键，这样就选定了该部分文本。选取一定数量的文本后，配合使用 Ctrl 键，可继续选取不连续的文本。

（2）选取一行文本

将鼠标指针移动到选定区，所谓选定区是指正文文字左边的空白区，在该区域中单击鼠标可以选中一行文本。

（3）选取一整段文本

在选定区双击即可选取一整段文本。

（4）选择不相邻的多段文本

使用上述任意一种方法选择一段文本后，按住 Ctrl 键，再选择另外一处或多处文本，即可将不相邻的多段文本同时选中。

（5）选取整篇文本

按 Ctrl+A 键或者单击"开始"选项卡→"编辑"组→"选择"下拉按钮→"全选"，即可选择整篇文本。

5. 移动和复制文本

（1）移动文本

① 选定所要移动的文本，把鼠标指针指向所选定的内容，按住鼠标左键，等到拖动光标出现后，拖动到新位置，释放鼠标左键。

② 选中文本，再单击"开始"选项卡"剪切板"组中的"剪切"按钮，然后把光标移到要放置该文本的位置，单击"粘贴"按钮下方的"粘贴选项"，根据预览结果，选择要粘贴的选项，完成粘贴。

（2）复制文本

① 选取要复制的文本，把鼠标指针指向所选定的内容，按住 Ctrl 键，然后按住鼠标左键移动到新位置，释放鼠标左键。

② 使用"开始"选项卡"剪切板"组中的"复制"和"粘贴"命令，具体操作与移动文本相似。

6. 查找与替换

在一篇内容较长的文档中查找或修改指定的文本时，可使用 Word 提供的查找与替换功能。它不仅可以查找文档中指定的文本、文本格式（如字体、段落、样式等），还可以查找特殊字符（如段落标记、制表符、人工分页符等）。

单击"开始"选项卡→"编辑"组→"替换"按钮，出现如图 2-8 所示的"查找和替换"对话框，可使用其中的"查找"选项卡和"替换"选项卡。

图 2-8　"查找和替换"对话框

7. 撤销与恢复

在编辑文档的过程中难免会出现错误的操作，可以使用功能区顶端的"撤销键入"与"恢复"按钮 ，来撤销或恢复一条操作命令。而且"撤销键入"按钮右侧都有一个向下的小箭头，单击该箭头就出现一个下拉列表，该表中记录了用户最近的几次键入、删除操作。使用"撤销键入"按钮，可以撤销多条最近执行过的操作，若不想撤销这些操作就可以使用"恢复"按钮恢复之前的操作。

8. 设置文本格式

如果要让单调乏味的文本变得醒目美观，需要对格式进行多方面的设置，如字体、字号、字形、颜色、字符间距等。进行这些设置的步骤如下。

首先，在 Word 文档中选中要设置字体、字号等选项的文本。

在"开始"选项卡"字体"组中，单击字体下拉列表框右侧的下三角按钮。

在随后弹出的列表框中（如图 2-9 所示），选择需要的字体类型，例如"黑体"。

如要设置更多选项，则需单击"字体"组中右下角的带斜下方箭头的按钮（对话框启动器按钮），在弹出的"字体"对话框中进行设置，如图 2-10 所示。

图 2-9　设置字体类型　　　　　　图 2-10　"字体"对话框

如要设置字符缩放、所选文本相对于基准线的位置等功能，需要使用"高级"选项卡。

9. 设置段落格式

段落是以特定符号作为结束标记的一段文本，用于标记段落的符号是不可打印的字符。在编排整篇文档时，合理的段落格式设置，可以使文档层次有致、结构鲜明，从而便于读者阅读。

（1）段落对齐格式

Word 提供了 5 种段落对齐格式：左对齐、居中、右对齐、两端对齐和分散对齐。可在"开始"选项卡"段落"组中进行设置，如图 2-11 所示。

图 2-11　"段落"组

（2）段落缩进

文本的输入范围是整个页面除去页边距以外的部分。有时为了美观，文本还需要再向内留出一段空白距离，这就是段落缩进。增加或减少缩进量时，改变的是文本和页边距之间的距离。

首行缩进是指每一个段落中第一行第一个字符的缩进空格位。中文段落普遍采用首行缩进两个字符。

悬挂缩进是指段落的首行起始位置不变，其余各行一律缩进一定距离。常用于词汇表、项目列表等。

左缩进是指整个段落都向右缩进一定距离，而右缩进一般是指将段落的右端向左缩进一段距离。

在"开始"选项卡"段落"组中单击对话框启动器按钮，弹出"段落"对话框，如图 2-12 所示。在"缩进"区域即可对选中的段落详细设置缩进方式和缩进量。

（3）行距和段落间距

行距决定了段落中各行文字之间的垂直距离。利用"开始"选项卡"段落"组中的"行距"按钮，可以设置行距。单击"行距"按钮旁边的下三角按钮，就会弹出一个下拉列表，可以选择不同的行距。

也可使用"段落"对话框进行段落间距的设置。在该对话框的"段前""段后"两个微调框中单击"微调"按钮，即可完成段落间距的设置工作。

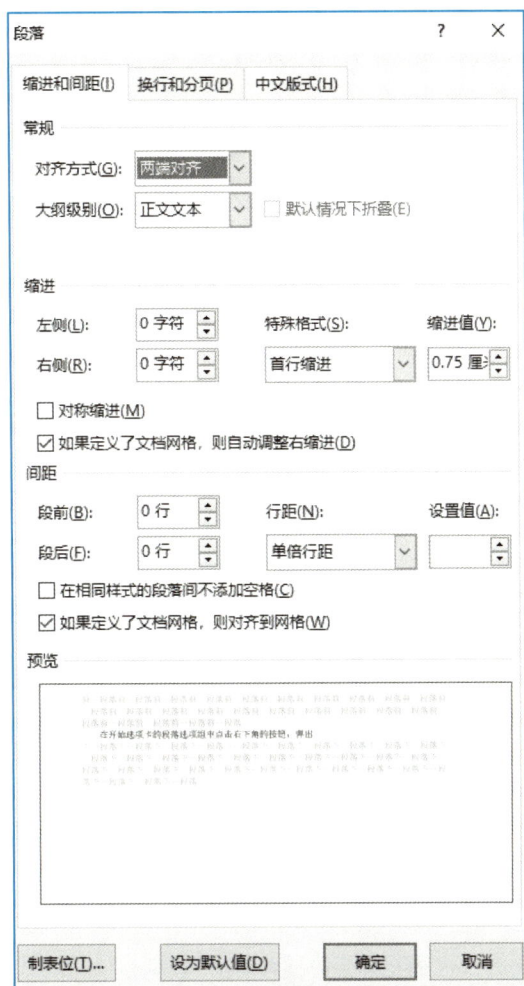

图 2-12 "段落"对话框

2.1.5 页面设置

页面设置工具可以帮助用户完成对"页边距""纸张大小""纸张方向""文字方向"等诸多选项的设置工作，还可以用于分节。

1. 设置页边距

页边距是指页面的边到文字的距离。通常可在页边距之内的可打印区域（称为版心）中插入文字和图形，也可以将某些项目放置在页边距区域中（如页眉、页脚和页码等）。用户可以在自己编辑的文档中使用模板默认的页边距，也可以指定页边距，以满足不同的文档排版要求。单击"布局"选项卡"页面设置"组中的对话框启动器按钮，弹出"页面设置"对话框，在"页边距"选项卡中可设置自定义的页边距，如图 2-13 所示。

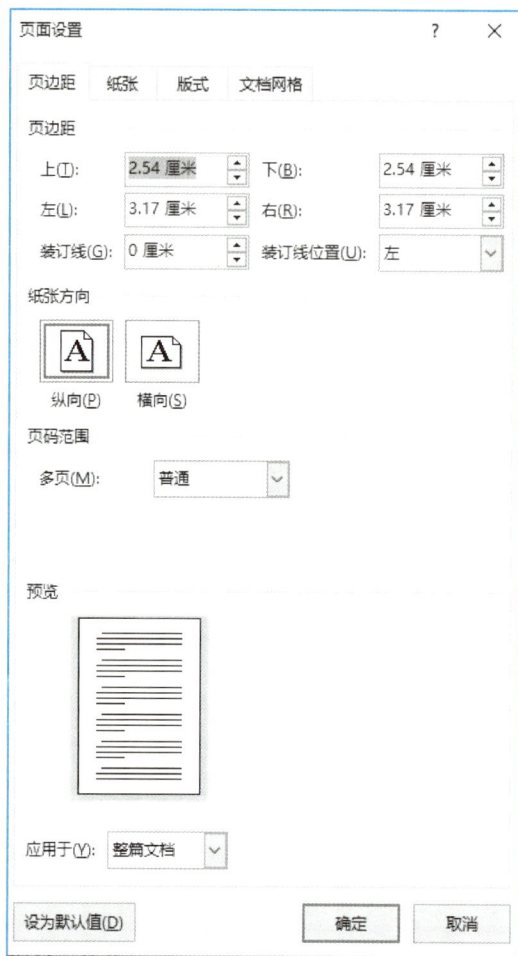

图 2-13 "页面设置"对话框

2. 设置纸张方向和纸张大小

纸张方向同样是在"页面设置"对话框的"页边距"选项卡中设置。单击"纸张"选项卡，在"纸张大小"下拉列表框中可以选择不同型号的打印纸，例如"A3""A4""16 开"和"自定义大小"等，其中默认纸张大小为常见的 A4 纸型。当选择"自定义大小"纸型时，可以在下面的"宽度"和"高度"微调框中自己定义纸张的大小。

3. 文档分页与分节

文档的不同部分通常会另起一页开始，很多用户习惯于用加入多个空行的方法来使新的部分另起一页，但是这种做法会导致修改文档时重复排版，增加了工作量，降低了工作效率。如果只是为了排版需要，单纯地将文档内容划分为上下两页，可以使用"布局"选项卡的"页面设置"组中的"分隔符"，使用其中的"分页符"即可完成分页。

而在文档中插入分节符，不仅可以将文档内容划分为不同的页面，而且还可以分别针对不同的节进行页面设置操作，插入分节符的操作步骤如下。

（1）将光标置于需要分节的位置。

（2）在"页面设置"组中单击"分隔符"，打开"分页符"和"分节符"列表，如图 2-14 所示。

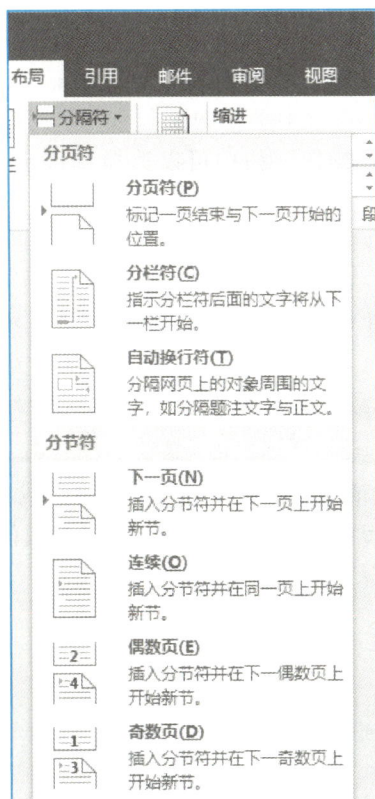

图 2-14　"分页符"和"分节符"列表

（3）选择合适的分节符插入即可。

Word 中有 4 种类型的分节符，分别是"下一页""连续""偶数页"和"奇数页"。"下一页"分节符会在下一页上开始新节；"连续"分节符会在同一页上开始新节；"偶数页"分节符和"奇数页"分节符在对双面打印的文档进行排版时会用到，因为图书的章起始页通常要求固定在奇数页，所以此功能可以用来保证文档装订好后某些页面在翻开时保持在左边或右边。

2.1.6　Word 表格创建与编辑

表格以其结构严谨、效果直观的特点言简意赅地反映了要说明的信息，给人们的日常工作和学习带来了许多方便。一张简单的表格由许多行和列组成，这些行、列交叉组成的网格就被称为单元格。在这些单元格中输入文字、数据和图形等之后就构成了一张表格。

Word 2016 中提供了许多创建和编辑表格的工具，从而可快速地建立一张表格。在

"插入"选项卡中提供了"表格"组，并在此提供了"插入表格""绘制表格""文本转换成表格""Excel电子表格""快速表格"等多种创建表格的途径。本书介绍两种常用的制作表格的方法：若绘制一个规则的表格，则可使用"插入表格"选项命令；若绘制一个不规则的表格，则可使用"绘制表格"命令。

1. 插入表格

单击"表格"组中的"表格"下拉按钮，选择"插入表格"菜单，出现"插入表格"对话框，如图2-15所示。在该对话框的"行数""列数"文本框中分别输入表格的行数和列数；在"'自动调整'操作"栏中可以选择"固定列宽""根据内容调整表格""根据窗口调整表格"三种方式来调整表格的列宽；单击"确定"按钮，文档的文本区就出现设置好的表格。

2. 绘制表格

（1）单击"表格"组中的"表格"下拉按钮，选择"绘制表格"命令，则鼠标指针就变成一支笔。

（2）将笔形指针移动到要绘制表格的位置，从表格的左上角拖动至其右下角，可以绘出表格的外围边框。

（3）根据需要，任意在表格框内画横线、竖线和对角线。画线方法是：把光标笔尖指向线段开始位置，按住鼠标左键不放并拖动鼠标，当代表线段的虚线到达线段另一端时释放鼠标左键即可。绘制完成的表格样例如图2-16所示。

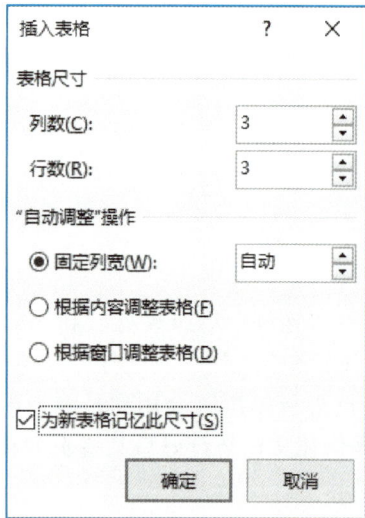

图2-15 "插入表格"对话框

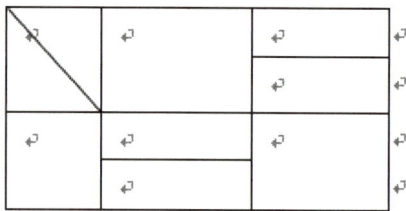

图2-16 绘制表格样例

3. 向表格中输入内容

对于表格，可以将其中的每一个单元格看作一段独立的文档来输入，将插入点放入单元格后，就可以输入文本或插入其他对象。当输入文本到达单元格右边线时会自动换行，并且会自动加大行高以容纳更多的内容；输入过程中按回车键，可以另起一段。在一个单元格输入文本后，使用←、→键可以在单元格内移动插入点；按 Tab 键，光标自动移动到下一单元格的起始列；按 Backspace 键或 Del 键可以删除插入点左边或右边的字符。一行输入完后，按 Tab 键光标移动到下一行行首。

4. 格式化表格

Word 2016 在"表格工具|设计"选项卡中提供了"表格样式"组、"边框"组，可对表格进行格式化操作。

（1）表格样式

在"表格样式"组中提供数十种作为模板格式的表格样式。在每种表格样式中，都设置了一套完整的字体、边框、底纹等格式。当用户需要哪种表格格式时，可以选择一种表格样式套用到自己的表格中去。

（2）边框

在"边框"组中单击"边框"图标，可打开"边框和底纹"对话框，如图 2-17 所示。在"边框"选项卡中可为单元格或表格设置不同样式、颜色、宽度的边框；在"底纹"选项卡中可设置不同填充颜色和图案样式的底纹。

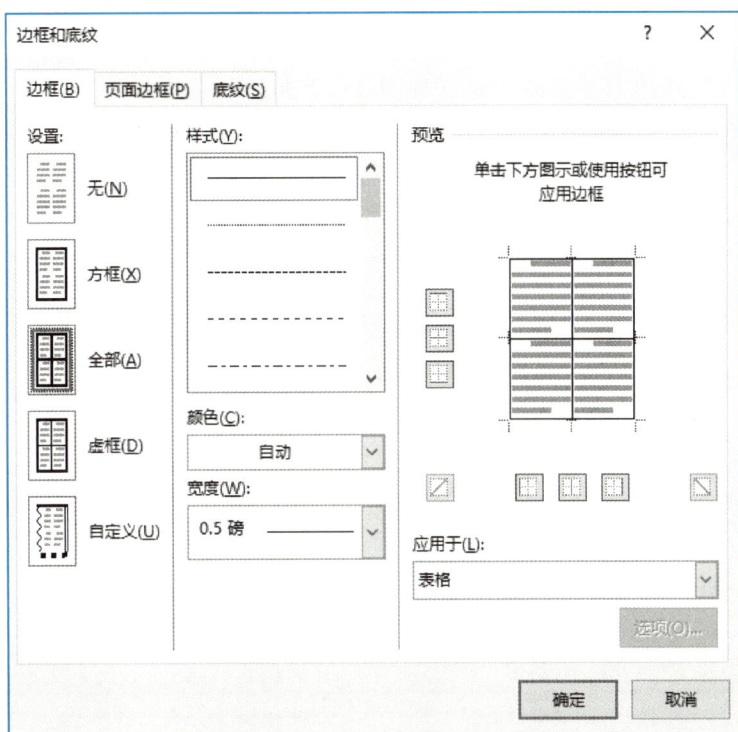

图 2-17 "边框和底纹"对话框

5. 合并或拆分表格中的单元格

用户可以将表格中同一行或同一列的两个或多个单元格合并为一个单元格，也可以将表格中的一个单元格拆分为多个单元格。使用"表格工具|布局"选项卡中的"合并"组

（如图 2-18 所示）即可实现这两项操作。

（1）合并单元格：将鼠标指针定位在要合并的第一个单元格中，然后按住鼠标左键进行拖动，以选择需要合并的所有单元格，然后单击"合并单元格"。

（2）拆分单元格：将鼠标指针定位在要拆分的单个单元格中，然后单击"拆分单元格"，出现如图 2-19 所示的对话框，选择要拆分成的列数和行数即可。

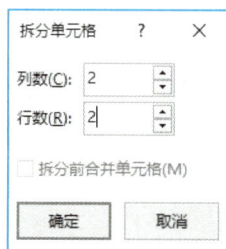

图 2-18　合并单元格　　　　图 2-19　"拆分单元格"对话框

2.1.7　Word 文档中的图片、形状与艺术字

1. 插入图片或形状

使用"插入"选项卡"插图"组（如图 2-20 所示），可以向文档中插入图片和形状。单击"图片"按钮，会弹出"插入图片"对话框，如图 2-21 所示，按路径找到图片文件插入文档即可；单击"形状"按钮，会弹出形状列表，如图 2-22 所示，可在形状列表中选择形状插入。

图 2-20　"插图"组

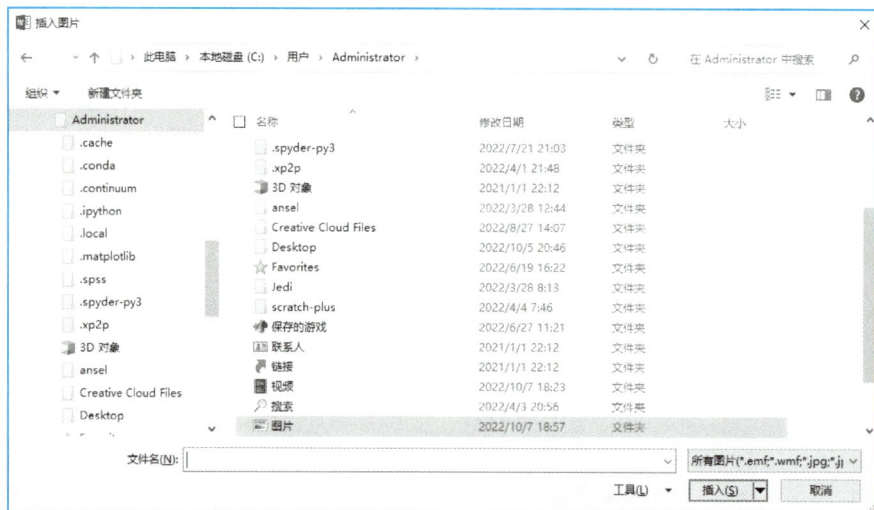

图 2-21　"插入图片"对话框

图 2-22　形状列表

2. 编辑图片

在文档中插入图片后，可以通过鼠标调整图片的大小和位置。可通过"图片工具|格式"选项卡，对图片进行所需要的编辑。例如使用"排列"组（如图 2-23 所示）进行环绕文字方式设置，或是使用"大小"组进行裁剪和高度、宽度修改。

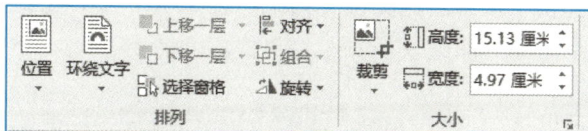

图 2-23　"排列"与"大小"组

右击图片，在弹出的快捷菜单中单击"设置图片格式"，会在 Office 界面右侧弹出"设置图片格式"面板，如图 2-24 所示，可进行"阴影""发光"等效果的设置。

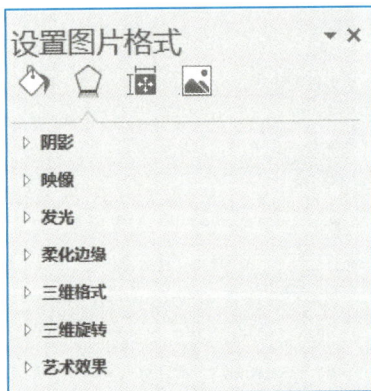

图 2-24 "设置图片格式"面板

3. 绘图工具

选中要编辑的图形后，功能区会自动弹出"绘图工具|格式"选项卡，其中包括"形状样式"组，如图 2-25 所示。用户可利用此组中的功能按钮对形状的填充、轮廓、效果等各种属性进行设置。

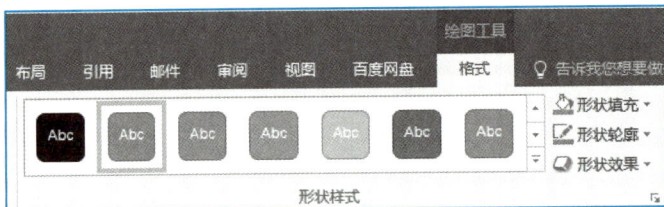

图 2-25 "形状样式"组

4. 创建艺术字

Word 提供的艺术字功能，可以使文字产生诸如弯曲、倾斜、旋转、扭曲、阴影等特殊效果。艺术字作为图形对象放在页面上，常用于制作演示文稿、海报、文档标题、广告、商标、宣传字体设计等。

选择"插入"选项卡"文本"组中的"艺术字"按钮，弹出艺术字库列表，如图 2-26 所示。Word 提供了多种不同类型、效果的艺术字。选中其中一种艺术字，即可自动在文本中添加艺术字图形。

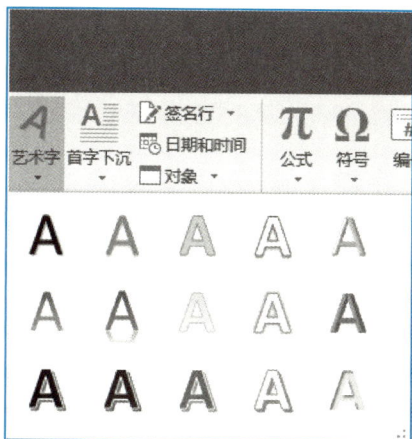

图 2-26　艺术字库列表

5. 编辑艺术字体

选中要编辑的艺术字后，功能区会自动弹出"绘图工具|格式"选项卡，其中包括"艺术字样式"组，如图 2-27 所示。用户可利用此组功能按钮对艺术字的填充、轮廓、效果等各种属性进行设置。

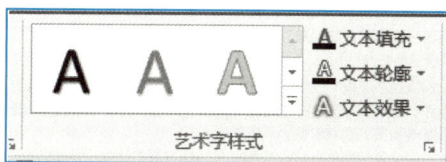

图 2-27　"艺术字样式"组

▶▶ 2.2　实验目的

（1）学习文档的创建、打开及保存的方法。

（2）掌握文本的编辑，包括插入、修改、删除、文字查找及替换等基本编辑操作。

（3）掌握文档的排版管理，包括字符排版、段落和页面的排版。

（4）掌握表格编辑、修改的方法。

（5）掌握图文混排，包括艺术字与文本框、自选图形、公式、图片的编辑方法。

（6）掌握样式和目录的编辑方法。

（7）掌握邮件合并的基本方法。

2.3　实验内容

2.3.1　文档的创建、字体与段落的设置、页面设置

【实验要求】

（1）打开 Word 2016，熟悉其工作界面及各组成部分。

（2）使用自己熟悉的输入法，输入如图 2-28 所示的全部内容，以"农业发展的各个阶段.docx"为文件名，保存在自己的文件夹中。

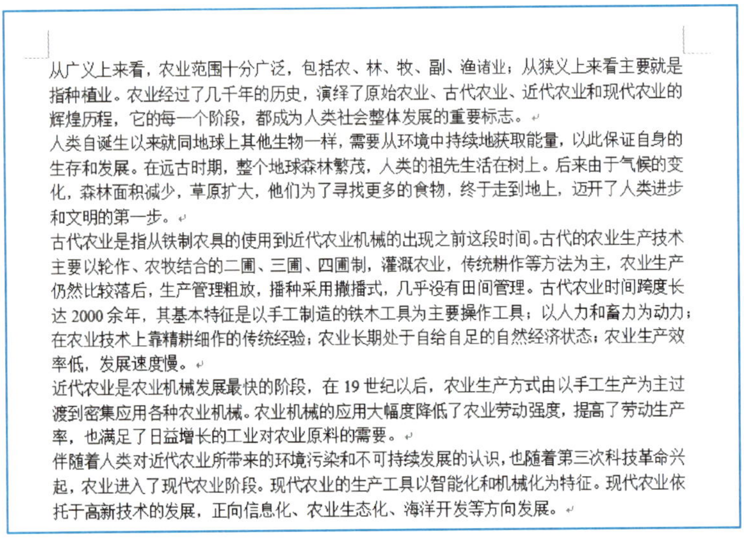

从广义上来看，农业范围十分广泛，包括农、林、牧、副、渔诸业；从狭义上来看主要就是指种植业。农业经过了几千年的历史，演绎了原始农业、古代农业、近代农业和现代农业的辉煌历程，它的每一个阶段，都成为人类社会整体发展的重要标志。

人类自诞生以来就同地球上其他生物一样，需要从环境中持续地获取能量，以此保证自身的生存和发展。在远古时期，整个地球森林繁茂，人类的祖先生活在树上。后来由于气候的变化，森林面积减少，草原扩大，他们为了寻找更多的食物，终于走到地上，迈开了人类进步和文明的第一步。

古代农业是指从铁制农具的使用到近代农业机械的出现之前这段时间。古代的农业生产技术主要以轮作、农牧结合的二圃、三圃、四圃制，灌溉农业，传统耕作等方法为主，农业生产仍然比较落后，生产管理粗放，播种采用撒播式，几乎没有田间管理。古代农业时间跨度长达 2000 余年，其基本特征是以手工制造的铁木工具为主要操作工具；以人力和畜力为动力；在农业技术上靠精耕细作的传统经验；农业长期处于自给自足的自然经济状态；农业生产效率低，发展速度慢。

近代农业是农业机械发展最快的阶段，在 19 世纪以后，农业生产方式由以手工生产为主过渡到密集应用各种农业机械。农业机械的应用大幅度降低了农业劳动强度，提高了劳动生产率，也满足了日益增长的工业对农业原料的需要。

伴随着人类对近代农业所带来的环境污染和不可持续发展的认识，也随着第三次科技革命兴起，农业进入了现代农业阶段。现代农业的生产工具以智能化和机械化为特征。现代农业依托于高新技术的发展，正向信息化、农业生态化、海洋开发等方向发展。

图 2-28　"农业发展的各个阶段"文档的内容

（3）设置此文档中所有内容的字体为：楷体、五号；颜色为："黑色，文字 1"。

（4）设置此文档全部 5 个段落的段落格式：段前间距设置为 0.5 行，段后间距设置为 0.5 行，行距设置为 1.5 倍行距，特殊格式设置为"首行缩进"、缩进值为 2 字符。

（5）进行页面设置：A4 纸、纵向，上、下页边距为 2 厘米；左、右页边距为 3 厘米。

（6）将文中的第 3 段文本分为栏宽相等的 3 栏，并添加"分隔线"。

（7）关闭该文档。

【实验步骤】

（1）创建文档：从"开始"菜单中单击 Word 程序的图标或双击桌面的 Word 快捷方式进入 Word 环境，单击"空白文档"创建一个新的空白文档。

（2）在空白区域内输入如图 2-28 所示的文档内容，然后单击"文件"选项卡，选择"保存"，将文档保存至适当位置，文件名为"农业发展的各个阶段.docx"。

（3）选中所有文字右击，弹出快捷菜单，选中快捷菜单中的"字体"，会弹出"字体"对话框，在"中文字体"中选择"楷体"，在"字号"中选择"五号"，"字体颜色"中选择"黑色，文字1"。

（4）选中所有文字右击，弹出快捷菜单，选中快捷菜单中的"段落"，会弹出"段落"对话框，在"缩进和间距"选项卡的"间距"组中，设置"段前"为"0.5行"、"段后"为"0.5行"、"行距"为"1.5倍行距"；在"缩进"组，设置"特殊格式"为：首行缩进，"缩进值"为2字符。

（5）页面设置

① 单击"布局"选项卡→"页面设置"组→"页边距"下拉按钮→"自定义边距"，设置"页边距"组的"上"为2厘米，"下"为2厘米，"左"为3厘米，"右"为3厘米。

② 在"页面设置"组的"纸张大小"设置纸型为A4纸，"纸张方向"选择"纵向"。

（6）选中第3段文字，注意不要选段尾的段落标记（回车符），选择"布局"选项卡→"页面设置"组→"分栏"下拉按钮，单击"更多分栏"选项，即弹出"分栏"对话框，如图2-29所示。选择"预设"组中的"三栏"，选中"分隔线"复选框，选中下方的"栏宽相等"复选框，单击"确定"按钮返回。

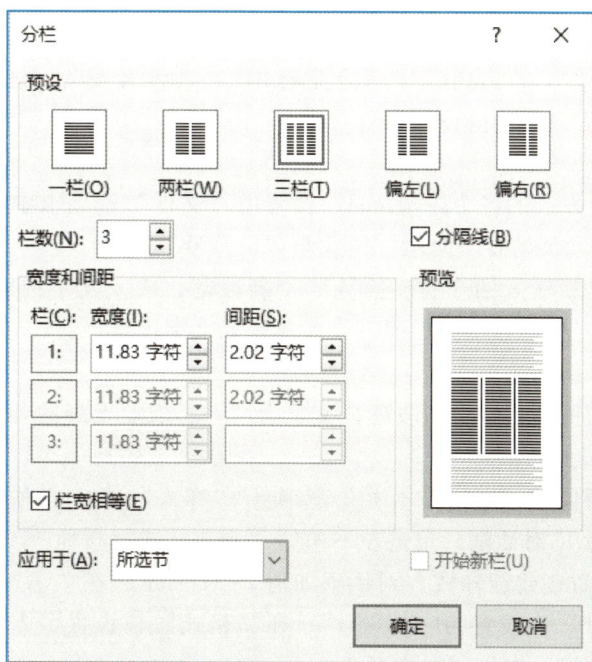

图2-29 "分栏"对话框

（7）单击"文件"选项卡选择"保存"，然后再单击"文件"选项卡选择"关闭"，即可完成文档的关闭。

2.3.2 样式与项目符号的设置

【实验要求】

（1）将"农业发展的各个阶段.docx"另存为"农业发展的各个阶段_样式与项目符号.docx"。

（2）在第一段之后，插入四个新段落，内容和位置分别是："1.1 原始农业（石器时代）"，位置为第一段之后；"1.2 古代农业（铁制工具的使用）"，位置为"古代农业是指从铁制农具的使用……"段落前；"1.3 近代农业（19 世纪中叶—20 世纪中叶）"，位置为"近代农业是农业机械发展最快的阶段……"段落前；"1.4 现代农业（20 世纪中叶—）"，位置为"伴随着人类对近代农业所带来的环境污染……"段落前。

（3）在第一段之前插入一个新段落，文字为"一、农业发展的各个阶段"；新建样式"新标题 1"，样式设置为：中文为楷体三号，段落居中，段落间距段前 0.5 行，段后 0.5 行。将插入的"农业的发展各个阶段"段落设置为"新标题 1"样式。

（4）新建样式"新标题 2"，样式设置为：黑体、小四号，字体颜色"蓝色"，段前段后 6 磅。将文字段落"1.1 原始农业（石器时代）""1.2 古代农业（铁制工具的使用）""1.3 近代农业（19 世纪中叶—20 世纪中叶）""1.4 现代农业（20 世纪中叶—）"设置为"新标题 2"样式。

（5）在整篇文档的最后输入 4 个新段落，字体与段落设置与实验内容 1 一致，分别是"现代农业的发展方向：""信息化""农业生态化""海洋开发"。并为"信息化""农业生态化""海洋开发"三个段落设置项目符号。

【实验步骤】

（1）打开"农业发展的各个阶段.docx"，使用"文件"选项卡中的"另存为"选项，将文件另存为"农业发展的各个阶段_ 样式与项目符号.docx"。

（2）在第一段之后输入回车符，插入一个新段落，输入文字内容为"1.1 原始农业（石器时代）"。采取同样的方法为后面三个段落输入文字内容。

（3）新建样式"新标题 1"。

① 在文档的最前面插入一个新段落，文字为"一、农业发展的各个阶段"，然后为其新建标题样式"新标题 1"。

② 选中插入的新段落，单击"开始"选项卡"样式"组中的对话框启动器按钮 ，会弹出如图 2-30 所示的对话框，单击左下角的"新建样式"按钮 即可新建样式。

③"根据格式设置创建新样式"对话框如图 2-31 所示，在"名称"位置输入"新标题 1"；在"样式基准"中设置为"标题 1"；在"格式"栏设置字体为"楷体"，字号为"三号"；在"对齐方式"中设置居中对齐。

④ 在"根据格式设置创建新样式"对话框左下角单击"格式"按钮，选择"段落"，即可设置段落格式，设置段前 0.5 行，段后 0.5 行，行距为单倍行距。

⑤ 单击"确定"按钮返回，即完成样式的新建和段落格式的设置。

图 2-30　样式列表

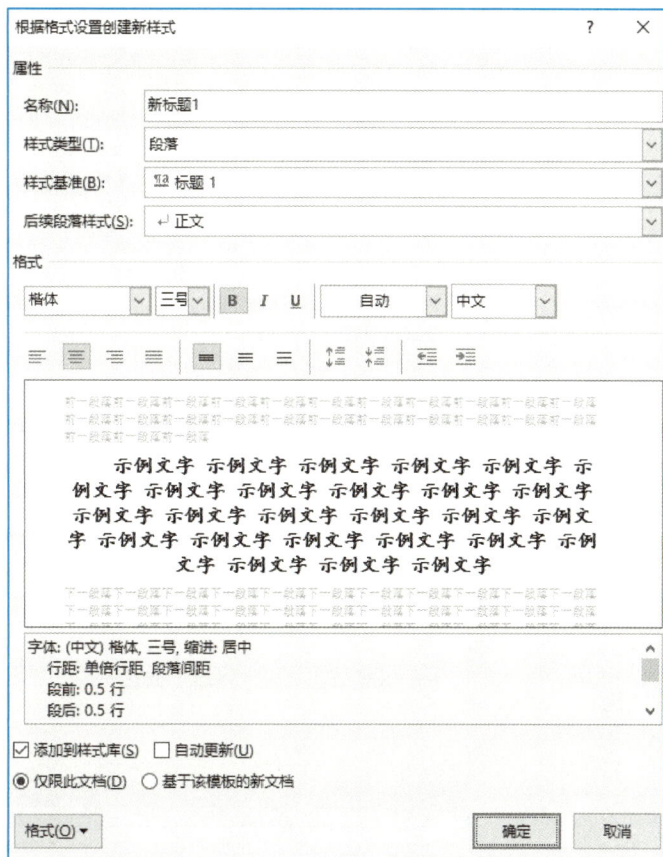

图 2-31　"根据格式设置创建新样式"对话框

（4）新建样式"新标题 2"。

① 选择段落"1.1 原始农业（石器时代）"，单击"开始"选项卡"样式"组中的对话框启动器按钮 ，单击左下角的"新建样式"按钮 即可新建样式。

② 打开"根据格式设置创建新样式"对话框后，在"名称"位置输入"新标题2"；在"样式基准"中设置为"标题 2"；设置字体黑体，小四号；设置字体颜色为"蓝色"。

③ 因段落中包含了数字，数字会被设置成西文字体的格式，所以需在"根据格式设置创建新样式"对话框左下角单击"格式"按钮，选择"字体"，打开"字体"对话框如图 2-32 所示，将"西文字体"设置为"使用中文字体"或"黑体"。

④ 在"段落"中，设置段落格式，段前、段后为 6 磅。

⑤ 单击"确定"按钮返回，即完成样式"新标题 2"的新建和段落"1.1 原始农业（石器时代）"的设置。

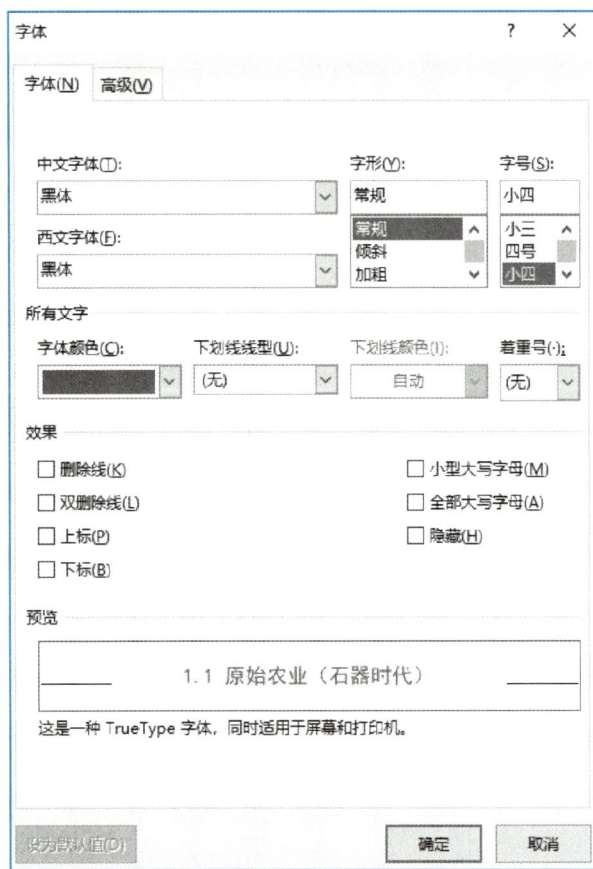

图 2-32 在"字体"对话框中设置"西文字体"

⑥ 分别选中其他 3 个需要设置的段落，在"样式"选项集中选择"新标题 2"完成样式的应用。

（5）增加段落并设置项目符号。

① 在文档的最后增加段落，然后输入内容。因要求字体与段落设置与实验内容 1 一致，可选中"伴随着人类对近代农业所带来的环境污染……"段落，双击"剪贴板"组中的"格式刷"按钮，然后单击后输入的段落即可复制格式。

② 选中后 3 个段落，单击"开始"选项卡"段落"组中的 ⋮☰，选择合适的项目编号，即完成设置，如图 2-33 所示。

现代农业的发展方向：

➤ 信息化

➤ 农业生态化

➤ 海洋开发

图 2-33 设置段落的项目符号

2.3.3 插入图片、艺术字与文本框

【实验要求】

（1）将"农业发展的各个阶段.docx"另存为"农业发展的各个阶段_图片艺术字文本框.docx"。

（2）在"农业发展的各个阶段_图片艺术字文本框.docx"文档中插入一幅农业机械化主题的图片，图片可从互联网上搜索获得，将图片设置为插入文档的第4段"近代农业是农业机械发展最快的阶段"中。

（3）将图片的"环绕文字"方式设置为"衬于文字下方"，设置图片的高度为2厘米，宽度为3厘米。

（4）在第1段文字之后，插入艺术字"农业发展的各个阶段"。艺术字样式任选，设置字体为：华文新魏、小初号、加粗。

（5）在形状填充中设置：绿色，个性色6，淡色80%，艺术字的"环绕文字"方式为"嵌入型"，艺术字的高度为2.7厘米，宽度为9.5厘米。

（6）在第5段中插入一个文本框，选择"绘制文本框"，然后在文本框中录入文字："数字农业"。

（7）设置文本框中文字为竖排显示，适度调整大小，为其选择一种边框样式，并将"环绕文字"方式设置为"四周型"。

【实验步骤】

（1）使用"文件"选项卡完成文档的另存，之后打开新文档"农业发展的各个阶段_图片艺术字文本框.docx"。

（2）使用"插入"选项卡"插图"组中的"图片"按钮，从计算机硬盘中选定文件插入到文档中。

（3）选中插入的图片，使用"图片工具|格式"选项卡中的"环绕文字"，将图片的"环绕文字"方式设置为"衬于文字下方"；使用"大小"组设置高度和宽度。

（4）使用"插入"选项卡"文本"组中的"艺术字"按钮，插入艺术字，使用键盘输入文本内容；使用"开始"选项卡的"字体"组完成字体设置。

（5）选中艺术字，使用"绘图工具|格式"选项卡中的"形状格式"组，找到"形状填充"按钮，设置颜色为：绿色，个性色6，淡色80%样式；设置"排列"组中的"环绕文字"方式为"嵌入型"；使用"大小"组设置高度和宽度，将其位置调整到第1段文字之后。

（6）使用"插入"选项卡"文本"组中的"文本框"按钮，选择"绘制文本框"，拖放绘制出大小合适的文本框，将光标定位在文本框中，输入文字。

（7）使用鼠标右击文本框中的文字，在弹出的快捷菜单中选择"文字方向"，打开如图2-34所示的对话框；可在"形状格式"组中选择合适的边框样式，使用"大小"组设置高度和宽度，设置"排列"组中的"环绕文字"方式为"四周型"。

图 2-34 设置文本框的文字方向

2.3.4 目录的设置

【实验要求】

（1）打开文档"农业发展的各个阶段_样式与项目符号.docx"，将其另存为"农业发展的各个阶段_目录.docx"。

（2）在文档的最后插入分节符"下一页"，获得一个新页面，将新分节的页面设置为16开纸，横向。

（3）利用新建的样式"新标题1"和"新标题2"，抽取本文档的目录。

【实验步骤】

（1）使用"文件"选项卡完成另存。

（2）将光标定位到文档的最后，单击"布局"选项卡"页面设置"组中的"分隔符"，插入一个"下一页"分节符，即可完成分节，在新节中单击"页面设置"组中的"纸张大小"，选择"其他纸张大小"，打开"页面设置"对话框（如图2-35所示）完成更改，注意"应用于"选择"本节"，纸张方向需在"页边距"选项卡中设置。

（3）把光标定位在新节中，打开"引用"选项卡→"目录"组→"目录"下拉按钮→"自定义目录"。打开"目录"对话框，如图2-36所示。因本文目前只有两级标题，设置"显示级别"为"2"，单击"确定"按钮即可获得新目录，如图2-37所示。

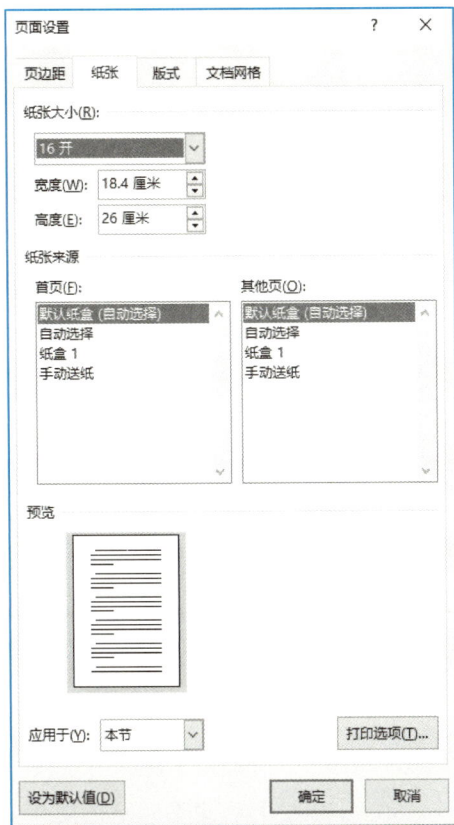

图 2-35　在"页面设置"对话框中
设置本节的纸张大小

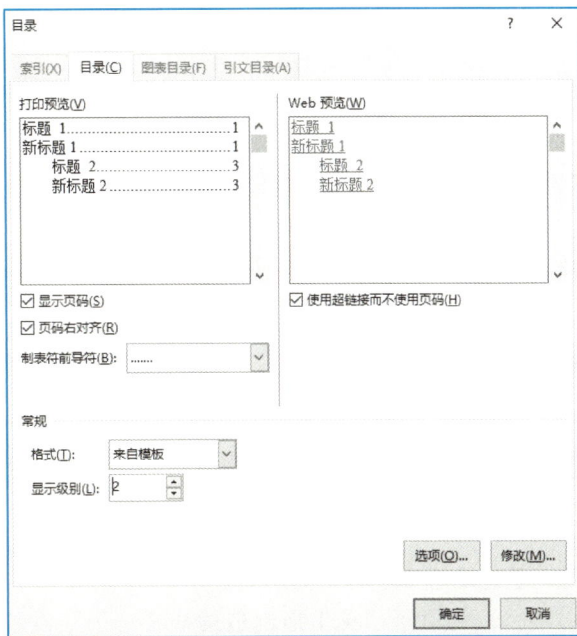

图 2-36　"目录"对话框

图 2-37　完成插入的目录

▶ 2.3.5　设置拼音标注、边框与底纹、缩进、页眉与页脚、首字下沉

【实验要求】

（1）创建空白文档，输入如图 2-38 所示内容。所有段落设置"特殊格式"为"首行缩进"，2 字符。字体格式为：宋体、五号。保存为"计算机病毒.docx"。

（2）将段落"计算机病毒"设置为居中，字体为：黑体、二号、深蓝色、加粗。

（3）将段落"计算机病毒"中的"计算机"加拼音标注，并为标题文字添加黄色的阴影边框，边框线粗 2.25 磅。

（4）将段落"记录在美国高技术史上……运行达一天半之久。"设置为左缩进 1.5 字

计算机病毒

1988 年 11 月 2 日，美国计算机界发生了一个震惊全球的事件，一夜之间，全世界都知道了什么叫"计算机病毒"。

就在这天晚上，与 Internet 相连的美国军用和民用计算机系统——东起麻省理工学院、哈佛大学、马里兰海军研究实验室，西到加州伯克利大学、斯坦福大学、NASA 的 Ames 研究中心，大部计算机同时出现了故障，至少有 6200 台受到波及，占当时互联网上计算机总数的 10% 以上，用户直接经济损失接近 1 亿美元。

记录在美国高技术史上的这场最严重、规模最大的灾难事件，究其根源，竟出自于康奈尔大学 23 岁的研究生罗伯特·莫里斯（R.T.Morris）的恶作剧。具有讽刺意味的是，他父亲老莫里斯是美国国家安全局的数据安全专家，负责网络安全防御。然而，小莫里斯攻破了父亲构筑的防线，他释放的计算机病毒使互联网停止运行达一天半之久。

莫里斯制造的病毒叫"蠕虫"（Worm）。他在法庭上辩解说，他只想让一个不断自我复制的程序，从一部计算机慢慢"蠕动"到另一部计算机里，并没有恶意去破坏计算机网络。但由于程序中的一个疏忽，病毒并非慢慢"蠕动"，而是以疯狂的速度"繁殖"并失去了控制。1990 年 5 月 5 日，纽约地方法院判处莫里斯 3 年缓刑，罚款 1 万美元和 400 小时公益劳动。

计算机病毒是一种具有传染性、隐蔽性并能破坏其他的程序的计算机程序。1984 年，美国计算机安全专家柯亨（F.Cohen）证明了病毒程序实现的可能性，他在美国国家安全会议上进行的演示实验，使他成为了世界上第一个计算机病毒的制造者。到莫里斯的"蠕虫"闯下弥天大祸前后，形形色色的病毒已经像癌疫般泛滥成灾。

1986 年，世界上仅有 4 种计算机病毒，每三个月才出现一种新病毒；1989 年每星期就会出现一种新病毒；1990 年每两天出现一种新病毒；1992 年，每天就有至少二种新病毒出现，每个月平均产生 110 种。1996 年底，据不完全统计，全世界已经出现上万种病毒，平均每天有近十种新病毒产生。这些病毒花样不断翻新，编程手段越来越高，让人防不胜防，始终是危害全球计算机安全的一个最棘手的问题。

图 2-38　"计算机病毒"文档的内容

符，悬挂缩进 2 字符。

（5）将段落"莫里斯制造的病毒……"设置首字下沉，下沉二行、隶书、距正文 0.4 厘米。

（6）将段落"计算机病毒……泛滥成灾。"设置底纹，应用于段落；填充："蓝色，个性色 5，淡色 80%"。

（7）为文档添加一种艺术型边框。

（8）设置页眉为"计算机病毒的诞生"（黑体、小五号），在页脚的中间位置插入页码。保存并关闭文档。

【实验步骤】

（1）使用"文件"选项卡创建空白文档，输入内容，并使用"字体"对话框完成字体设置。选中所有段落，使用鼠标右键快捷菜单打开"段落"对话框，设置"特殊格式"为"首行缩进"，2 字符。最后单击"文件"选项卡选择"保存"，命名为"计算机病毒.docx"。

（2）选中段落"计算机病毒"，单击"开始"选项卡"段落"组中的"居中"图标，在"字体"选项卡设置字体、字号、颜色和加粗。注意要使用"段落"对话框将此段的首行缩进设置为 0 字符。

（3）拼音标注、边框线的设置。

① 选中文字"计算机"，在"开始"选项卡"字体"组中单击"拼音指南"图标，打开"拼音指南"对话框，如图 2-39 所示，单击"确定"按钮即可为文字标注拼音。

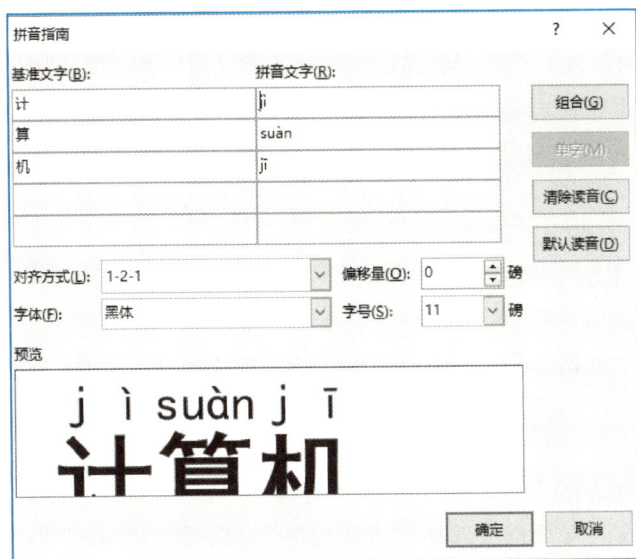

图 2-39　"拼音指南"对话框

　　② 选中文字"计算机病毒"，单击"段落"组中"边框"图标后的向下箭头 ⊞·，在弹出的列表中选择"边框和底纹"，打开"边框和底纹"对话框，如图 2-40 所示。在左侧列表中选择"阴影"，颜色选择"黄色"，边框线的宽度选择"2.25"磅；"应用于"选择"文字"；单击"确定"按钮即完成设置。

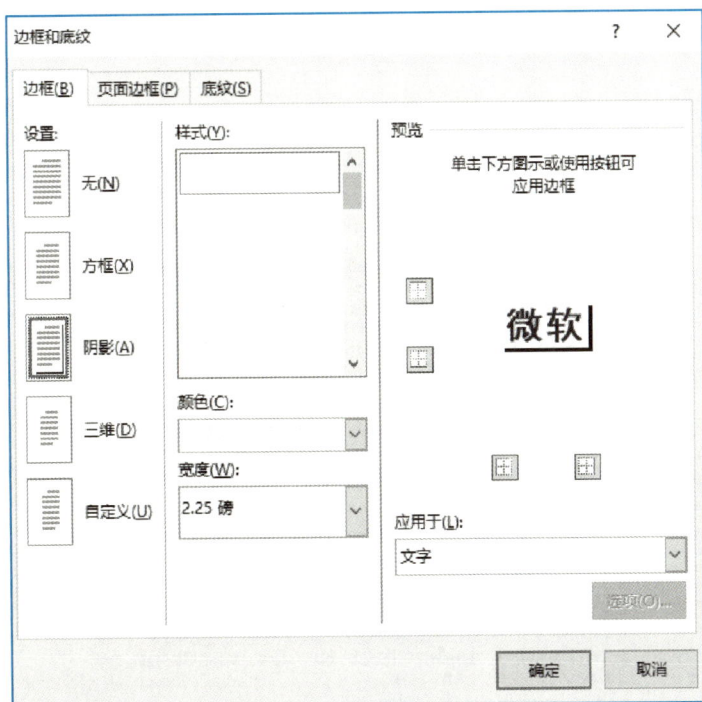

图 2-40　"边框和底纹"对话框

（4）选中段落"记录在美国高技术史上……运行达一天半之久。"，使用鼠标右键快捷菜单打开"段落"对话框，设置"特殊格式"为悬挂缩进，2字符；"左缩进"为1.5字符。

（5）设置首字下沉。

① 把光标放在第四个自然段的开头。

② 单击"插入"选项卡"文本"组中的"首字下沉"下方箭头，在列表中选择"首字下沉选项"，打开"首字下沉选项"对话框。

③ 位置选择"下沉"，字体选择"隶书"，下沉行数选择"2行"，设置距正文0.4厘米。单击"确定"按钮返回。

（6）选中段落"电脑病毒……泛滥成灾。"，单击"段落"组中"边框"图标后的向下箭头 ⊞ ，在弹出的列表中选择"边框和底纹"，打开"边框和底纹"对话框。使用"底纹"选项卡，在"填充"中选择"蓝色，个性色5，淡色80%"，在"应用于"中选择"段落"。

（7）添加艺术型边框。

在"边框和底纹"对话框中选择"页面边框"选项卡，单击"艺术型"，即可选择一种艺术型边框。

（8）设置页眉。

① 单击"插入"选项卡"页眉和页脚"组中的"页眉"项，在当前编辑窗口的上方出现列表，选择其中的第一项"空白"，即可在页眉编辑区中输入内容。

② 在页眉处输入"计算机病毒的诞生"，并设置字体为"黑体，小五号"，完成编辑后文档如图2-41所示。

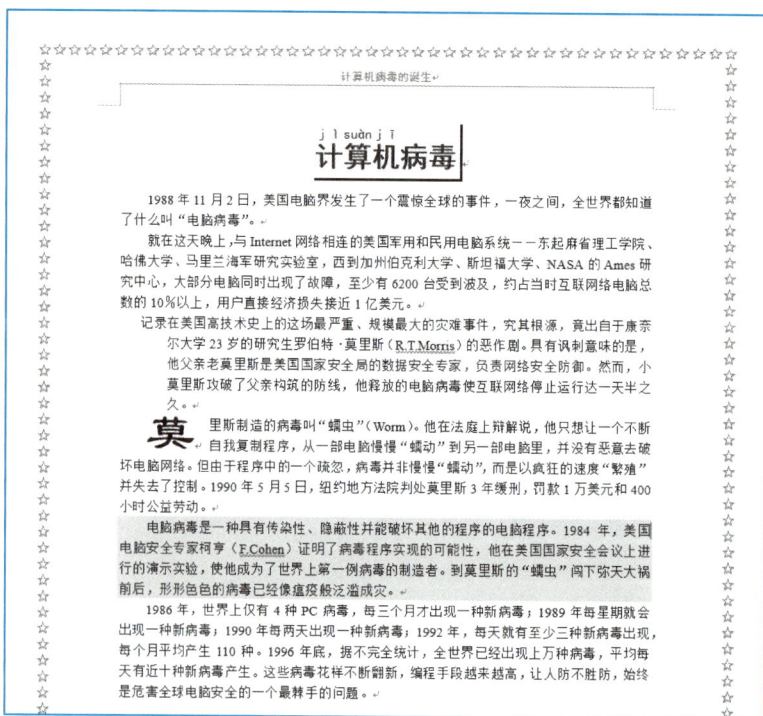

图2-41　完成编辑后的"计算机病毒"文档

③ 使用鼠标滚轮定位到页面下方，切换到页脚工作区，单击"页眉和页脚"组中的"页码"图标，选择"页面底端"列表中的"普通数字2"，即可完成页码的插入。

④ 单击"页眉/页脚工具"选项卡中的"关闭页眉和页脚"按钮，设置完毕后，保存并关闭文档即可。

2.3.6 查找与替换

【实验要求】

（1）打开"计算机病毒.docx"，将其另存为"计算机病毒_替换.docx"。

（2）替换文字：把文档中所有的"电脑"替换为"计算机"。

（3）查找和替换的高级应用：把文档中所有的英文字母改为绿色，并加着重号。

【实验步骤】

（1）使用"文件"选项卡完成文档的另存。

（2）替换文字。

将光标定位在文章的开头。单击"开始"选项卡"编辑"组中的"替换"，打开"查找和替换"对话框，选择"替换"选项卡，如图2-42所示。在"查找内容"中填写"电脑"，在"替换为"中填写"计算机"。单击下方的"替换"按钮，光标跳到下一个"电脑"处，重复操作直到全部替换完毕；也可单击"全部替换"按钮，此时替换将全部完成并显示其替换的次数。

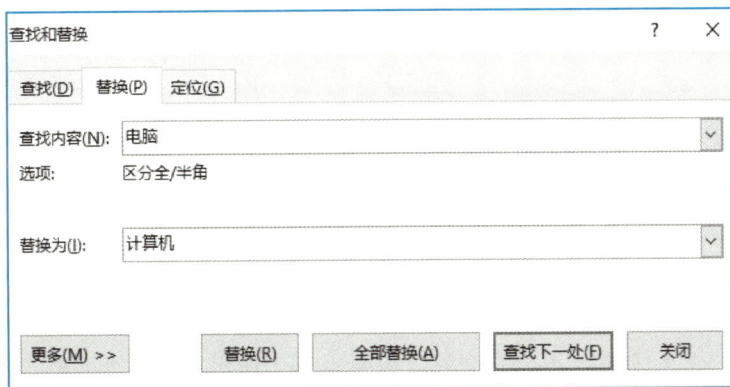

图 2-42 "查找和替换"对话框

（3）使用替换功能修改格式。

① 将光标定位在文章开头，然后打开"查找和替换"对话框，选择"替换"选项卡。先将插入点定位在"查找内容"文本框，单击"更多"按钮，然后单击"特殊格式"按钮，选择"任意字母"，这时在"查找内容"文本框中会出现"^$"符号，表示查找对象为任意字母。

② 然后将光标插入点定位在"替换为"文本框中，单击"格式"按钮后，选择"字体"，按要求设定"字体颜色"和"着重号"。

③ 设置完字体后，回到"查找和替换"对话框，如图 2-43 所示，单击"全部替换"按钮即可。

图 2-43 使用"查找和替换"对话框修改格式

▶ 2.3.7 表格的创建与编辑

【实验要求】

（1）新建"学生成绩表.docx"文件，按照表 2-1 所示制作一个表格。

表 2-1 学生成绩表

姓名 课程	大学计算机	大学英语	大学物理
李娜娜	78	85	66
王建国	90	77	89
张力	65	86	73
葛明	80	70	77

（2）设置第一行高 1.2 厘米，其他 4 行高为 0.8 厘米；设置第一列宽为 3 厘米，其他列宽为 2.6 厘米。

（3）将所有数字单元格设置为"中部右对齐"；其他单元格都设置为"水平居中"；将左上角的单元格中的文字"课程"设置为右对齐，文字"姓名"设置为左对齐；字体、字号均为宋体 5 号字；表格在页面中居中。

（4）表格外部框线线型为蓝色，双细线，宽度为 1.5 磅；内框为单细线，绿色，1 磅。第 1 行底纹为灰色-20%。

【实验步骤】

（1）创建表格

① 单击"文件"选项卡，新建一个文档"学生成绩表.docx"。

② 单击"插入"选项卡"表格"组中的"插入表格"，打开"插入表格"对话框，如图 2-44 所示，分别在"列数""行数"框中输入"4"和"5"，单击"确定"按钮，此时插入一个 5 行 4 列的空表。

③ 输入所有文字、数字内容。

④ 选中左上角的单元格，使用"表格工具|设计"选项卡，单击"边框"组中的"斜下框线"。

（2）规划表格

① 将插入点移到表格第 1 行，右击，在弹出的快捷菜单中选择"表格属性"命令，打开"表格属性"对话框，选择"行"选项卡，行高设置为 1.2 厘米，并设置"行高值是"为"固定值"。

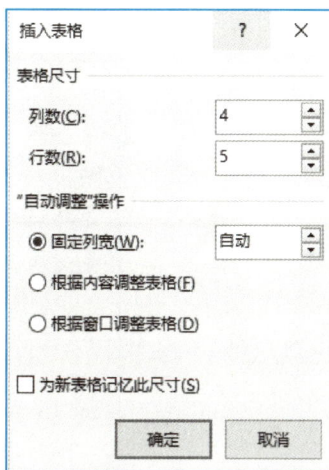

图 2-44 "插入表格"对话框

② 选中其他 4 行，在"表格属性"对话框中，将行高设置为 0.8 厘米，也将"行高值是"设置为"固定值"。

③ 以同样的方法将表格的第 1 列和其他列的列宽分别设置为 3 厘米和 2.6 厘米。

（3）设置对齐方式

① 选中第 1 行，单击"表格工具|布局"选项卡"对齐方式"组中的"水平居中"。

② 以同样方式为第 1 列的所有单元格设置"水平居中"对齐方式。

③ 选中数字所在的单元格，设置"中部右对齐"。

④ 选中表格，单击"开始"选项卡"段落"组中的"居中"按钮，设置表格在页面中居中。

⑤ 选中左上角单元格中的文字"课程"，使用"段落"组将其设置为右对齐；选中文字"姓名"，使用"段落"组将其设置为左对齐。

（4）设置表格的边框和底纹

① 选择"表格"，使用鼠标右键快捷菜单打开"表格属性"对话框，在"表格"选项卡中单击"边框和底纹"，打开"边框和底纹"对话框。

② 在"边框和底纹"对话框"边框"选项卡中部，选择"样式"为双细线，"宽度"为"1.5磅"，"颜色"为"蓝色"，在"预览"区域中外边框的四个位置单击即可切换新的外边框样式。

③ 选择"样式"为"单线"，"宽度"为"1磅"，"颜色"选择"绿色"，单击"预览"区域中的内框线设置按钮，完成内框线的设置。

④ 选中第1行各单元格，打开"边框和底纹"对话框，在"底纹"标签中选择"图案"中的"样式"为"20%"，如图2-45所示，并在"应用于"中选择"单元格"，单击"确定"按钮，完成设置。

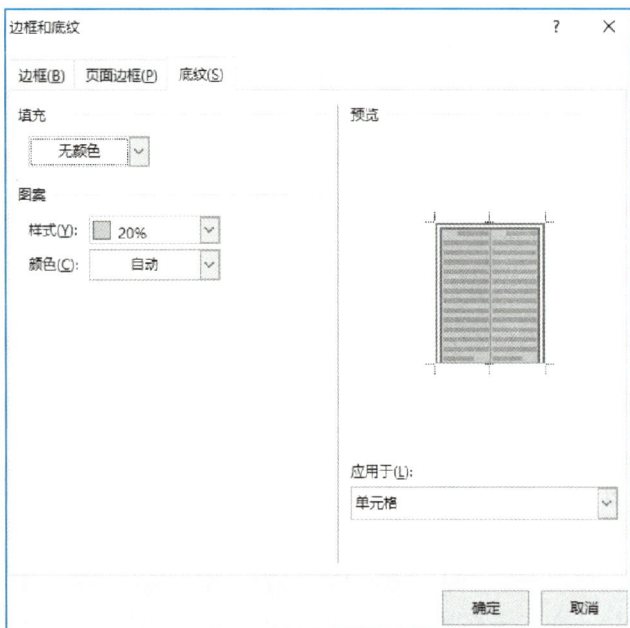

图2-45　在"边框和底纹"对话框中设置底纹

完成所有操作后，保存文件并关闭。

2.3.8　使用编号和多级列表

【实验要求】

（1）创建新的空白文档"编号和多级列表.docx"，在其中创建8个段落，分别是"手机""小米手机""华为手机""中兴手机""水果""香蕉""梨""橙子"。并为这8个段落设置编号，格式为"1.""2.""3."……。

（2）将上一步制作的编号列表转换为多级列表，格式为"1""1.1""1.1.1"……。其中"手机""水果"的列表级别为1级，其余6段的列表级别为2级，如图2-46所示。

图2-46　制作多级列表

【实验步骤】

（1）创建编号列表

① 使用"文件"选项卡创建空白文档"编号和多级列表.docx"，在其中输入 8 个段落，分别是"手机""小米手机""华为手机""中兴手机""水果""香蕉""梨""橙子"。

② 选中所有的 8 个段落，单击"开始"选项卡"段落"组中的"编号"图标 ⊫⋅，选择合适的格式，为段落增加编号。

（2）创建多级列表

① 选中所有的 8 个段落，使用"段落"组中的"多级列表"按钮，如图 2-47 所示，单击"列表库"中的列表样式，完成"多级列表"的创建。

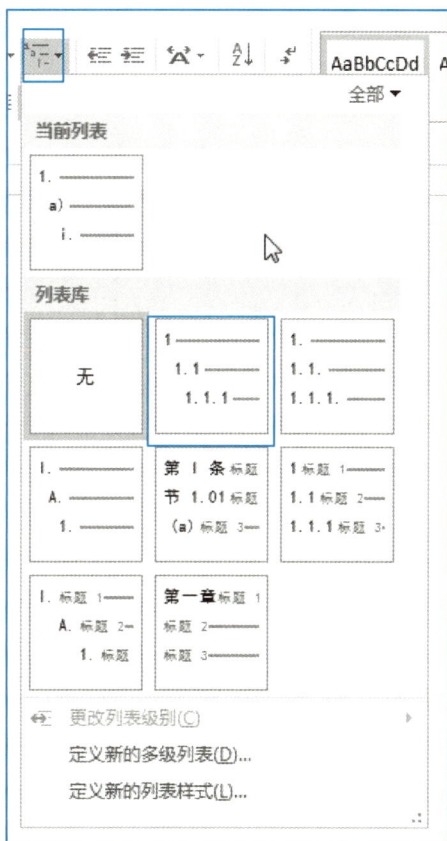

图 2-47　在"列表库"中选择列表样式

② 选中"2　小米手机""3　华为手机""4　中兴手机"三个段落，使用"多级列表"中的"更改列表级别"命令，将其设置为"2 级"（默认都为"1 级"），如图 2-48 所示。

③ 使用上一步的方法，将"3　香蕉""4　梨""5　橙子"三个段落的列表级别也修改为"2 级"。完成所有操作后，保存文件并关闭。

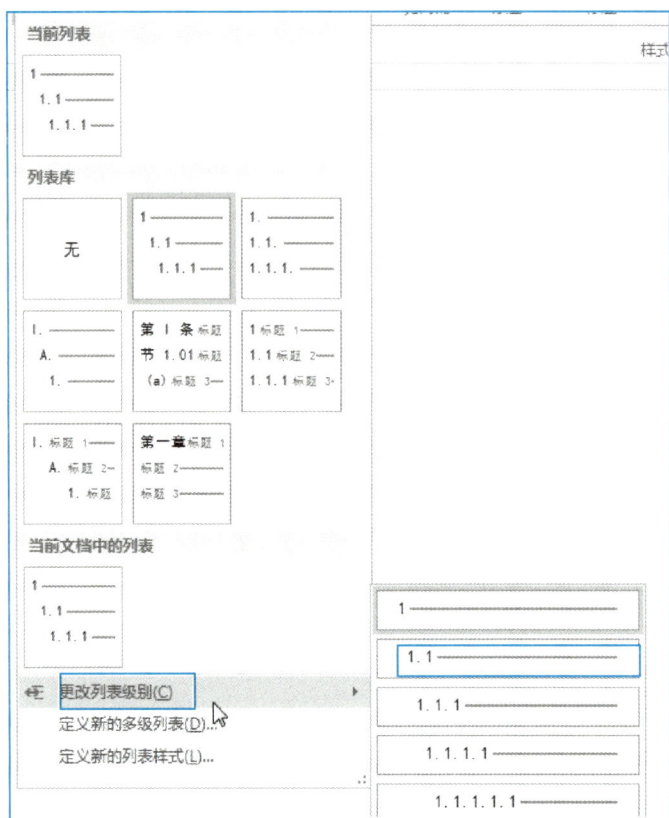

图 2-48　更改列表级别

2.3.9　插入公式和形状

【实验要求】

（1）创建新的空白文档"公式.docx"，并在其中插入如图 2-49 所示的公式。

$$F(x) = \int_{\frac{\pi}{4}}^{\frac{\pi}{2}} (1+\cos x)\,\mathrm{d}x + \sqrt{xy} + \sum_{i=1}^{50} (x_i + y_i)$$

图 2-49　使用了多个结构的公式

（2）Word 中提供了功能丰富的形状，形状可以组合成各种图形结构，例如程序流程图。如果要设计一个这样的程序：开始之后，用户进入用户登录界面，系统会提示用户曾经是否注册过账号。若未注册过账号，则需进行新用户注册，之后再进行登录操作；若注册过账号，则直接填完用户密码即可。之后单击"登录"按钮，通过密码审核即登录成功，若未通过审核则重新执行用户登录操作，其流程图可按如图 2-50 所示的样式绘制。创建新的空白文档"程序流程图.docx"，并在其内绘制程序流程图。

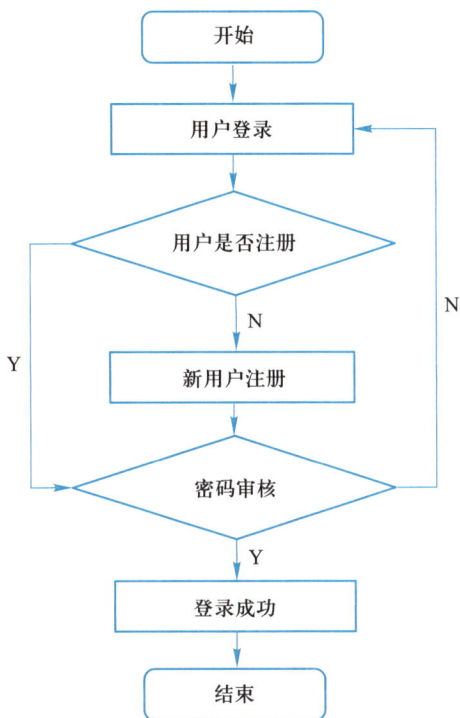

图 2-50　描述用户登录过程的程序流程图

【实验步骤】

（1）插入公式

① 在"插入"选项卡"符号"组中，单击"公式"图标，进入公式设计状态。

② 在公式设计状态下，既可以使用内置的各种公式，也可以使用"结构"中的各种结构模板快速创建新公式，本步骤建议使用"定积分"结构 $\int_{\square}^{\square}\square$、"根式"结构 $\sqrt{\square}$、"大型运算符"（累加求和）结构 $\sum_{\square}^{\square}\square$。

③ 在定积分中需要使用 $\dfrac{\pi}{2}$，需首先使用"分数"结构，然后单击"符号"中的 π 插入到公式之中。

④ 输入 x_i 时需要使用"上下标"结构。

（2）绘制程序流程图

① 在"插入"选项卡"插图"组中单击"形状"，在下拉列表中选择"新建绘图画布"。

② 在"绘图画布"中插入各形状，包括 2 个圆角矩形、3 个矩形、2 个菱形，将"形状填充"设置为"无填充颜色"，之后为所有的形状选择一种"形状样式"，将各个形状按照图 2-50 所示的顺序排列好。

③ 在"形状"中插入"箭头"和"肘形箭头连接符"，将各个形状按照图 2-50 所示连接好。

④ 插入 1 个矩形，将"形状填充"设置为"无填充颜色"，之后为所有的形状选择一种"形状样式"，在内部添加文字 Y，将"形状轮廓"设为"无轮廓"。

⑤ 流程图中一共需要 4 个书写"N"或"Y"的矩形，复制上一步的矩形即可。完成所有操作后，保存文件并关闭。

▶ 2.3.10　邮件合并

【实验要求】

邮件合并是 Word 中一个用于批量处理的功能模块。在 Word 中进行邮件合并时先建立两个文档：一个 Word 文档，包括所有文件共有内容的主文档（比如未填写的信封等）；另一个是包括变量信息的数据源，可以是 Excel 工作簿或 Access 数据库等格式。然后使用邮件合并功能在主文档中插入变量信息，并生成信函文件，用户可以将生成的文件保存为 Word 文档，可以打印出来，也可以以邮件形式发送出去。

本实验要求创建一个数据源，内容如图 2-51 所示，将此数据源保存为"邮件合并数据源.mdb"。

图 2-51　数据源中的地址列表

然后创建邮件合并主文档，为数据源中每个条目对应的收件人写一封信，内容为：

尊敬的<<公司名称>><<职务>><<姓名>><<先生/女士>>您好：

我们超月公司计划 2023 年 1 月 15 日在华星大厦 808 召开新款电子产品发布会，盼望您光临。

超月公司　董事会秘书　千星

【实验步骤】

（1）创建新的 Word 文档"邮件合并主文档.docx"，单击"邮件"选项卡"开始邮件合并"组中的"选择收件人"列表，选择"键入新列表"，然后单击"自定义列"，在弹出的对话框中输入如图 2-52 所示的内容。

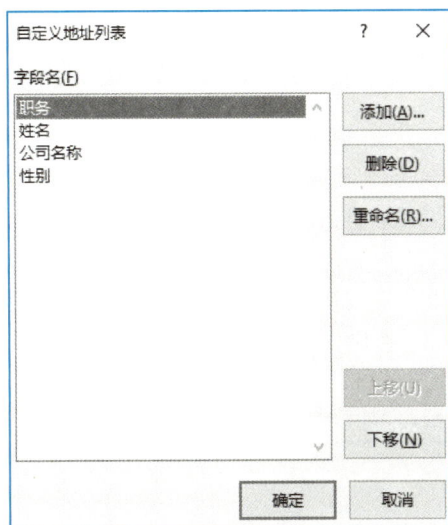

图 2-52　自定义地址列表

（2）单击"确定"按钮后即可输入收件人信息，按实验要求部分的图 2-51 所示输入内容即可，并将其保存为"邮件合并数据源.mdb"，如图 2-53 所示。

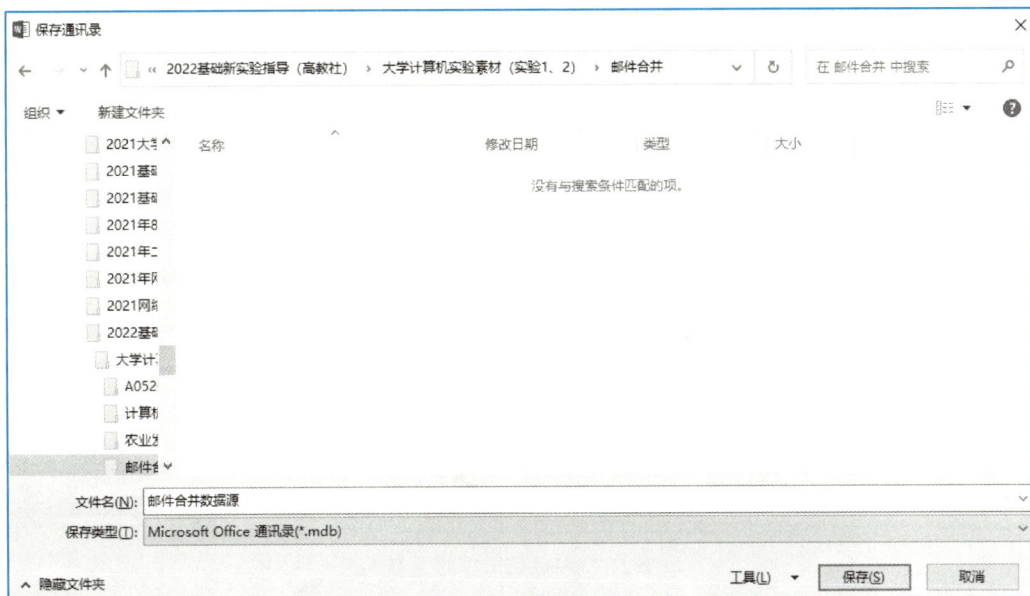

图 2-53　保存数据源文件

（3）编辑邮件合并主文档。

① 在"邮件合并主文档.docx"中编辑邮件正文，如图 2-54 所示，在"开始邮件合并"组中单击"开始邮件合并"，选择文档类型为"信函"。

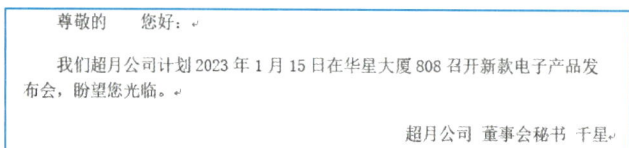

> 尊敬的　　您好：
>
> 　　我们超月公司计划 2023 年 1 月 15 日在华星大厦 808 召开新款电子产品发布会，盼望您光临。
>
> 　　　　　　　　　　　　　　　　　　超月公司 董事会秘书 千星

图 2-54　编辑邮件正文

② 在"编写和插入域"组中单击"插入合并域"插入各个字段，插入位置为"尊敬的"和"您好"之间。

③ 在性别称呼方面，本实验称呼男性为"先生"，女性为"女士"。需要插入"规则"中的"如果……那么……否则"规则进行设置，如图 2-55 所示，插入位置为"您好"之前。

图 2-55　插入"规则"

（4）单击"确定"按钮后，"邮件合并主文档.docx"创建完成，如图 2-56 所示。

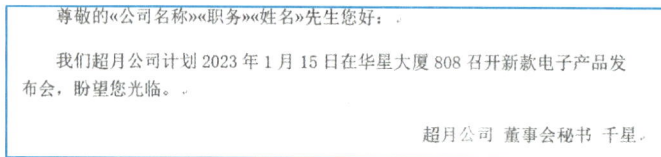

> 尊敬的《公司名称》《职务》《姓名》先生您好：
>
> 　　我们超月公司计划 2023 年 1 月 15 日在华星大厦 808 召开新款电子产品发布会，盼望您光临。
>
> 　　　　　　　　　　　　　　　　　　超月公司 董事会秘书 千星

图 2-56　完成编辑后的主文档

（5）单击"完成"组中的"完成并合并"按钮，即可生成邮件信函文档，如图 2-57 所示，将其保存为"合并好的信函.docx"，即完成邮件合并。

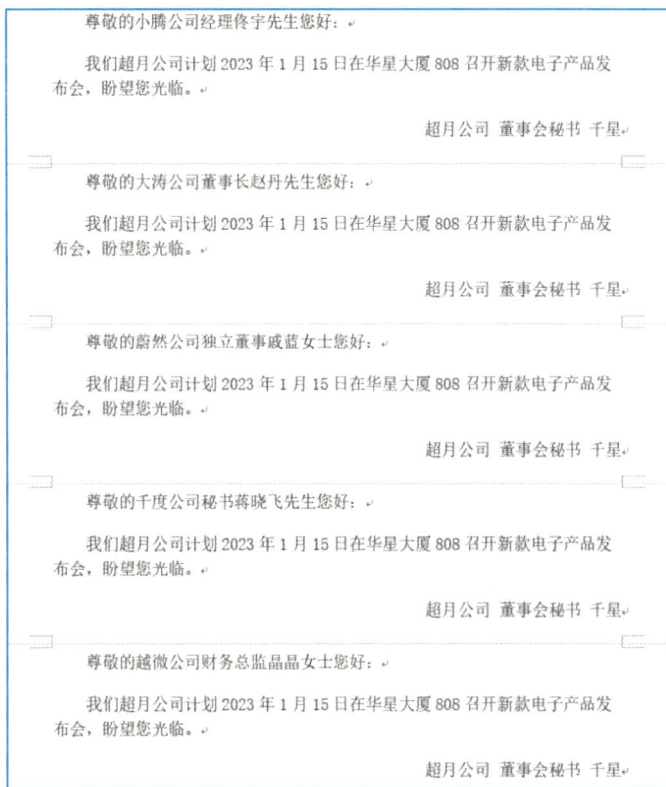

尊敬的小腾公司经理佟宇先生您好：

我们超月公司计划2023年1月15日在华星大厦808召开新款电子产品发布会，盼望您光临。

超月公司 董事会秘书 千星

尊敬的大涛公司董事长赵丹先生您好：

我们超月公司计划2023年1月15日在华星大厦808召开新款电子产品发布会，盼望您光临。

超月公司 董事会秘书 千星

尊敬的蔚然公司独立董事戚蓝女士您好：

我们超月公司计划2023年1月15日在华星大厦808召开新款电子产品发布会，盼望您光临。

超月公司 董事会秘书 千星

尊敬的千度公司秘书蒋晓飞先生您好：

我们超月公司计划2023年1月15日在华星大厦808召开新款电子产品发布会，盼望您光临。

超月公司 董事会秘书 千星

尊敬的越微公司财务总监晶晶女士您好：

我们超月公司计划2023年1月15日在华星大厦808召开新款电子产品发布会，盼望您光临。

超月公司 董事会秘书 千星

图 2-57　完成合并后的邮件信函

▶▶ 2.4　实验作业

1. 按如下要求进行文档操作。

（1）录入文字，内容如下：

在网上浏览，发现许多网页使用的特效都是使用 Java 程序所编写，这对于许多刚入"网"道的初学者来说，有点过于高深，不过现在可好了，网页特效制作工具层出不穷，大有泛滥成灾之势，要从中挑选出最好的也很困难，只好用一个算一个了。笔者最近刚从网上下载了小秘书（小编：网上能够下载小秘书？），使制作网页特效更具有一番风格。其实，小秘书是我对"呼吸小秘书"的昵称，其新颖的界面，实用的功能让你不得不……下面，咱就把小秘书介绍给各位！

小秘书可是完全国产的，保证符合中国国情，叫你不得不喜欢。称其为网页特效制作工具，可别以为它很大，其实只是一个容量还不到 500 KB 的 EXE 可执行文件。运行后出现主界面，该程序的主界面可以说相当漂亮，特别是那些卡通 MM，好可爱哦！在主界面上的鼠标指针都是透明的，并且随着移动到的区域变换形状。在主界面顶端排列着五个标签项，分别是：窗口特技、鼠标特技、文学特技、菜单特技、其他特技。

（2）用艺术字设置标题。要求把"网页""特效""制作工具"分别采用艺术字字库中的一种样式，"网页"设置为黑体，加粗，36 号；"特效"设置为隶书，32 号；"制作工具"设置为华文彩云，并适当调整位置与大小。

（3）第 1 段设置段落首行缩进 2 字符，字体设置黑体、五号字，两端对齐。

（4）第 2 段设置首字下沉三行，字体为隶书，正文设置为楷体小四号字。

（5）设置两个段落段前段后间距均为 1 行，第 1 段行间距为固定值 18 磅、第 2 段为单倍行距。

（6）设置页眉为"网络园地"，页脚为"我的作品"，右对齐。

（7）将文中所有"网页"的字体设置为红色、加粗。

（8）将第 2 段从"在主界面上……"开始分两个段，设置后一段为浅绿色底纹。

（9）插入竖排文本框。文本框的"版式"为"四周型"。在文本框中添加文字"呼吸小秘书"，字号为"三号"、字体"隶书"、文字居中，适当调整文本框大小。

（10）将第 1 段分为两栏显示，并添加分隔线。

（11）在样张所示的位置插入自选图形——云形标注。在其文本框中输入"你也来试试吗？"，并为该文本框填充：绿色，个性色 6，淡色 60%。

（12）文件以"练习 1.docx"为名保存。

2. 按如下要求进行文档操作。

（1）录入文字，内容如下：

四季的美

春天最美的是黎明。东方一点儿一点儿泛着鱼肚色的天空，染上微微的红晕，飘着红紫红紫的彩云。太阳像一个红火球，从东方地平线上喷薄而出的壮观景象如诗如画，迷倒多少诗人墨客。夏天最美是夜晚。明亮的月夜固然美，漆黑漆黑的暗夜，也有无数的萤火虫翩翩飞舞。即使是蒙蒙细雨的夜晚，也有一只两只萤火虫儿，闪着朦胧的微光在飞行，这情景真是迷人。秋天最美是黄昏。夕阳照西山时，感人的是点点归鸦急匆匆往巢里飞去。成群结队的大雁儿，在高空中比翼齐飞，更是叫人感动。夕阳西沉，夜幕降临，那风声、虫鸣听起来叫人心旷神怡。冬天最美是早晨。落雪的早晨当然美，就是在遍地铺满白霜的早晨，在无雪无霜的漂冽的清晨，也要生起熊熊的炭火。手捧着暖和的火盆穿过廊下时，那心情儿和这寒冷的冬晨多么和谐啊！只是到了中午，寒气渐退，火盆里的炭火儿，大多变成了一堆白灰，这未免令人有点扫兴。

（2）将标题文字"四季的美"，字体设置为楷体小二号，居中显示，并为文字"四季的美"设置绿色、线宽度为 3 磅的阴影边框和浅绿色底纹。

（3）按文中内容的春、夏、秋、冬将其分为 4 段。段落设置为首行缩进 2 字符。

（4）将 4 个段落设置为首字下沉，下沉行数 3 行，字体"华文行楷"。

（5）将 4 个段内容全部选中，将其复制在原文之后，并将复制的内容取消首字下沉。

（6）将"春天"所在段落设置为左缩进 2 字符，右缩进 2 字符，首行缩进 2 字符，并加 1.5 磅蓝色边框线。字体为华文琥珀、五号。

（7）将复制的内容中"夏天"所在段落的行间距设置为 1.5 倍行距，首行缩进 2 字符。设置浅绿色段落底纹。字体隶书、五号。

（8）将复制的内容中"秋天与冬天"所在的段落设置字体为：楷体、小四号。段落首行缩进 2 字符。

（9）在页眉处加入文字"四季的故事"（不包括引号），宋体小五号字，并居中。

（10）在文本框左边插入一个公式 $s = \int_0^{\frac{\pi}{2}} e^{-x} \sin^2 x \, dx$。

（11）文件以"练习 2.docx"为名保存。

实验 3

使用 Excel 表格进行数据处理

Excel 2016 是 Microsoft Office 2016 的重要组成部分，它把电子数据表、图表、数据透视表等功能有机地组合在一起，提供了一个智能化的集成操作环境，为高效处理海量数据提供了非常便捷的功能。

▶▶ 3.1 知识要点

▶ 3.1.1 工作表的基础操作

工作表是 Excel 2016 最基本的操作对象，涉及数据计算的绝大部分操作都是在工作表中进行的，下面将介绍工作表的一些基础操作。

1. 工作簿的操作

打开一个新的工作簿，选择"文件"选项卡中的"新建"菜单命令，然后在"可用模板"或"Office.com 模板"中选择一种模板，再单击"创建"按钮，即可创建一个新的工作簿。

有时为了比较工作簿之间的信息或把数据从一个工作簿移到另一个工作簿上，就需要在屏幕上同时显示两个或多个工作簿。

2. 添加、删除和重命名工作表

在默认情况下，每个工作簿有三张工作表，用户可以根据实际需要增加、删除或重命名工作表。

3. 移动、复制工作表

在 Excel 2016 中，既可以在同一工作簿中移动或复制工作表，又可以在不同的工作簿之间移动或复制它们。

4. 输入数据

在 Excel 2016 中，可以在活动单元格中输入数字、文本、日期、时间和公式等。

在单元格中输入数字之后，它们将自动在单元格中向右对齐，若想改变其对齐方式，首先选中要对齐的单元格，然后使用"开始"选项卡"对齐方式"组中的按钮改变对齐方式。

在单元格中输入文本后，只要按 Tab 键、Enter 键或箭头键就确认了输入的文本，若想取消输入的文本，则按 Esc 键或单击"撤销"按钮。

日期的输入形式有多种，比如要输入"2022 年 8 月 10 日"，则输入 8/10/2022 或 08/10/2022。若想在单元格中输入当前的日期，则需按 Ctrl+；键。

时间的输入形式也有多种，比如想要输入"下午 5 点 30 分 21 秒"，则只要输入 17：30：21 或 5：30：21PM 就可以了，其中 PM 代表下午，AM 代表上午。若想在单元格中输入当前的时间，则需按 Ctrl+：键。

5. 自动输入数据

在 Excel 2016 中，若想在许多单元格中输入相同的内容，则使用"填充功能"。若想在某些单元格中输入一个序列的数据，则使用"序列填充"，使用该功能可以自动输入数据的等比序列、等差序列和日期序列等，也可以输入自定义的序列。

▶ 3.1.2 公式的使用

在电子表格中，既可以输入常数，又可以输入公式和函数，以便进行各种计算，也正是有了这一点才使电子表格显示出其强大的功能。

1. 创建与编辑公式

在公式中使用的运算符有 4 种：数学运算符、比较运算符、文本运算符和引用运算符。输入公式时首先单击要输入公式的单元格，接着输入加号（+）或等号（=），然后输入公式。

2. 单元格地址的引用

引用单元格时有两种引用模式。在默认情况下是使用 A1 模式，即用字母（A~XFD）表示列，用数字（1~1 048 576）表示行。另一种模式是 R1C1 模式，R 后的数字表示行数（1~1 048 576），而 C 后的数字表示列数（1~16 384）。

引用单元格时分为相对引用、绝对引用和混合引用。使用相对引用时单元格引用地址是单元格的相对位置，当公式所在单元格地址改变时，公式中引用的单元格地址也相应发生变化。绝对引用是公式中引用的单元格地址不随公式所在单元格的位置而变化，但条件是在单元格地址的列号和行号前增加一个字符 $。根据实际情况，公式中可同时包含相对引用和绝对引用，例如 $A1 中列地址不变，行地址变化，而在 A$1 中行地址不变，而列地址变化。按 F4 键可以改变单元格的引用方式。

3. 在公式中使用函数

在 Excel 2016"公式"选项卡的"函数库"组中提供了许多内部函数，包括数学函数、数据库函数、财务函数和统计函数等。

一般函数的语法包括三个部分：等号"="、函数和参数，比如"=MAX(D1：D10)"是求单元格 D1~D10 区域内数据的最大值。

输入函数有三种方法：像在单元格中输入数据那样输入函数、使用"函数库"组中提供的函数和使用"插入函数"对话框。

3.1.3　编辑工作表

在工作表制作完之后，一般都要进行一定的编辑，下面是一些常用的编辑方法。

1. 插入行、列和单元格

若在某行上方插入一行，则选中该行（若插入多行，则要选中相同的行数）。若在某列左侧插入一列，则选中该列（若插入多列，则要选中相同的列数）。

若在某单元格的上方或左侧插入单元格，则先选中该单元格；然后在"单元格"组单击"插入"下拉按钮→"插入单元格"命令。

2. 删除行、列和单元格

选中要删除的行或列，在"开始"选择卡"单元格"组中单击"删除"下拉按钮→"删除工作表行"或"删除工作表列"命令。

选中要删除的单元格，在"开始"选择卡"单元格"组中单击"删除"下拉按钮→"删除单元格"命令。

3. 编辑单元格数据

编辑单元格中的数据有多种方法。若只想删除单元格中的内容，则在选中要编辑的单元格之后直接按 Delete 键。也可以选中要清除数据的单元格（或者行、列），在"开始"选择卡的"编辑"组中单击"清除"按钮。

双击该单元格，以便把插入点移动到该单元格中，然后使用箭头键、Home、End、Backspace 和 Delete 等按键，可在单元格中修改数据。

完全更新单元格中的数据可以单击要修改的单元格，直接输入新的数据。

4. 移动和复制单元格数据

移动和复制单元格数据可用以下两种方法：若是近距离移动和复制单元格数据，则直接使用鼠标的拖动功能；若是远距离移动和复制数据或是在工作表及工作簿之间移动和复制数据，则可使用"开始"选项卡"剪切板"组中的"剪切""复制"和"粘贴"按钮。

3.1.4　图表与图形对象

图表是以图形的形式来表示工作表内的数据，它能直观地表示数据间的复杂关系，在某些情况下，一张精心设计的图表会更具说服力和吸引力。

1. 创建图表

Excel 2016 在"插入"选项卡的"图表"组中提供了多种类型的图表按钮，用户选择好要创建图表的数据后，可根据实际情况，选用不同类型的图表按钮来创建图表；也可单击"图表"组中的对话框启动器按钮打开"插入图表"对话框，选择其中一种创建图表。新创建的图表，以图形对象的形式嵌入在工作表中。

2. 编辑图表

对于新创建的图表，选中图表后，Excel 2016 将打开"图表工具"功能区，包括"设计""布局""格式"选项卡。

"设计"选项卡：可以利用"更改图表类型"按钮，更改为其他类型的图表；"另存为模板"按钮可以将当前图表的格式和布局另存为可应用于将来图表的模板；"切换行/列"按钮可以交换坐标轴上的数据，标在 X 轴上的数据将移动到 Y 轴上，反之亦然；"选择数据"按钮可以更改图表中包含的数据区域。

"布局"选项卡：可以更改图表的整体布局。"图表样式"组可以更改图表的整体外观样式；"移动图表"按钮可以将图表移动至工作簿的其他工作表中或使其单独占据一个新的工作表。

"格式"选项卡：可以利用"形状样式"组选择形状或线条的外观样式；"形状填充"按钮可以使用纯色、渐变、图片或纹理填充选定形状；"形状轮廓"按钮可以指定选定形状轮廓的颜色、宽度和线型等。

3.1.5 数据的管理和使用

Excel 2016 使用数据管理功能来管理和使用大量的数据，例如在数据清单上进行数据的查询、排序和筛选等。

1. 数据清单

Excel 2016 把工作表中的数据当作一个类似于数据库的数据清单来处理。数据清单中的列标号就相当于数据库中字段，而数据清单中的行就是数据库中的记录。

2. 数据的排序

根据实际需要，经常要对数据进行排序，Excel 2016 允许按字母顺序、数字从大到小或从小到大的顺序进行数据排列。

最简单的数据排序方法是使用"排序"选项卡中的"升序"和"降序"按钮。若发现排序结果有问题，可按 Ctrl+Z 键恢复到原来的顺序。

3. 数据的筛选

Excel 2016 提供了一个很有用的数据筛选功能，使用它可以把暂时不需要的数据隐藏起来，只显示那些符合设置条件的数据记录，这样就可以有重点地对一些记录进行编辑、排序和复制等操作，常用的有自动筛选和高级筛选两种方式。

4. 分类汇总数据

对数据进行分类汇总是 Excel 2016 的一项重要功能，需要注意的是，在进行分类汇总之前，必须对数据清单进行排序，数据清单的第一行里必须有列标记。

如果在进行"分类汇总"操作后，想要删除时，可以在"分类汇总"对话框中单击"全部删除"按钮。

5. 数据透视表

数据透视表（Pivot Table）是一种可以快速汇总、分析大量数据表格的交互式工具，可以动态地改变它们的版面布置，以便按照不同方式分析数据，也可以重新安排行标签、列标签和页字段。每一次改变版面布置时，数据透视表都会立即按照新的布置重新计算数据。另外，如果原始数据发生更改，则可以更新数据透视表。

使用数据透视表可以按照数据表格的不同字段从多个角度进行透视，并建立交叉表格，用于查看数据表格不同层面的汇总信息、分析结果以及摘要数据。

6. 数据查找函数

Excel 2016 附带多个查找函数，可以使用 VLOOKUP、HLOOKUP、INDEX 和 MATCH 函数在 Excel 的行和列中查找相关数据。

3.2 实验目的

（1）掌握 Excel 工作簿的建立、保存与打开方法。
（2）掌握工作表中数据的输入、编辑方法。
（3）掌握公式及函数的使用方法以及单元格的绝对引用和相对引用。
（4）掌握工作表的格式化操作。
（5）学会使用图表。
（6）掌握数据管理（排序、筛选、分类汇总、合并计算）及建立数据透视表等操作。

3.3 实验内容

3.3.1 工作表中数据、公式和函数的输入、编辑及修改

【实验要求】

（1）新建工作簿，在工作表 Sheet1 中输入图 3-1 所示的数据，以文件名"学生成绩表.xlsx"存盘。

	A	B	C	D	E	F	G	H	I	J	K
1	编号	学号	姓名	性别	出生日期	计算机	英语	高数	总分	平均分	等级
2			杜叶平	男	1986/12/15	78	80	90			
3			崔立伟	女	1987/2/16	57	44	59			
4			陈威	女	1996/3/7	80	80	79			
5			杜庆怀	男	1988/12/8	90	70	66			
6			樊宇	女	1996/6/19	56	65	56			
7			高波	男	1984/8/20	62	98	98			

图 3-1　Sheet1 中的数据表

（2）以自动填充方式为 A 列"编号"填入数据（1，2，…，6）；用"填充柄"为 B 列"学号"填入数据（01001，01002，…，01006）。

（3）利用公式或函数计算出"总分""平均分""等级"（"平均分"大于或等于 60，标记"及格"，小于 60 分，标记"＊"）。

【实验步骤】

（1）创建工作表。

① 打开 Excel，系统自动创建一个 Excel 工作簿，默认文件名为"book1"，当前工作

表为 Sheet1。

② 在工作表 Sheet1 中依次输入图 3-1 所示的数据。

（2）利用自动填充方式为"编号"列输入数据。

① 在 A2 单元格内输入数字"1"，在 A3 单元格内输入数字"2"。

② 同时选中这两个单元格，把鼠标放到这两个单元格的右下角，当鼠标变成"黑色十字形"时，向下拖动，依次向下完成填充。

（3）为"学号"列设置文本型格式。

① 选中 B2 至 B7 单元格区域，右击，在弹出的快捷菜单中选择"设置单元格格式"命令。

② 在打开的"设置单元格格式"对话框中选择"数字"选项卡。

③ 在"分类"列表框中选择"文本"项，如图 3-2 所示。

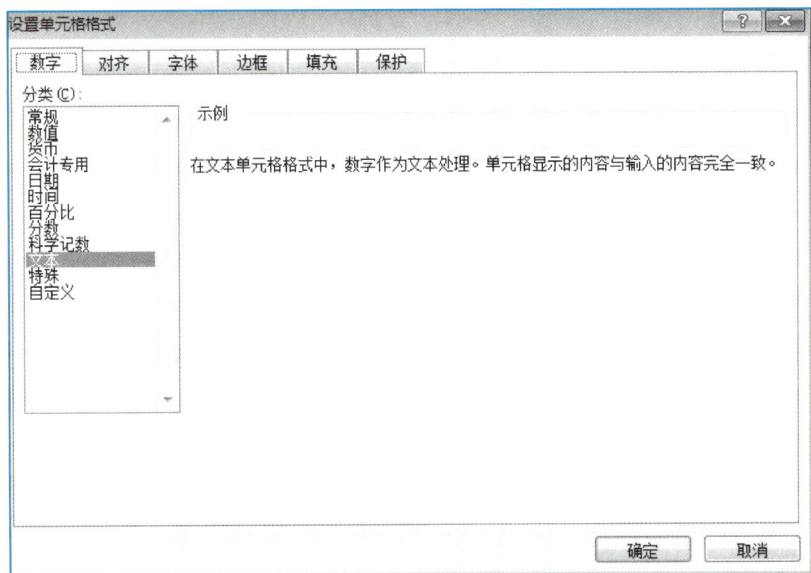

图 3-2 "设置单元格格式"对话框

④ 单击"确定"按钮，将 B2 至 B7 单元格设置为文本格式。

（4）利用"填充柄"填充数据。

① 在 B2 单元格内输入"01001"。

② 将光标定位在该单元格的右下角，此时光标就变成一个细实线的"+"号（填充柄）。

③ 按住鼠标左键向下拖动鼠标到 B7 单元格，完成数据 01001，01002，…，01006 的数字填充操作。

（5）利用函数通过地址相对引用的方式计算"总分"。

① 将光标定位到 I2 单元格中，选择"公式"选项卡→"函数库"组→"插入函数"，打开"插入函数"对话框，如图 3-3 所示。

② "函数名"选"SUM"，打开"函数参数"对话框，如图3-4所示。

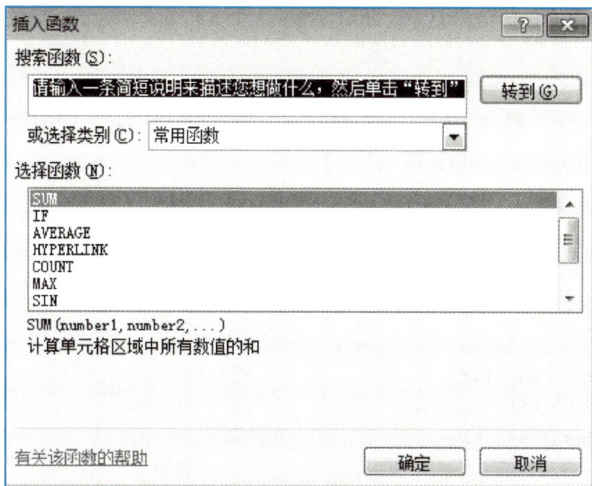

图3-3 "插入函数"对话框

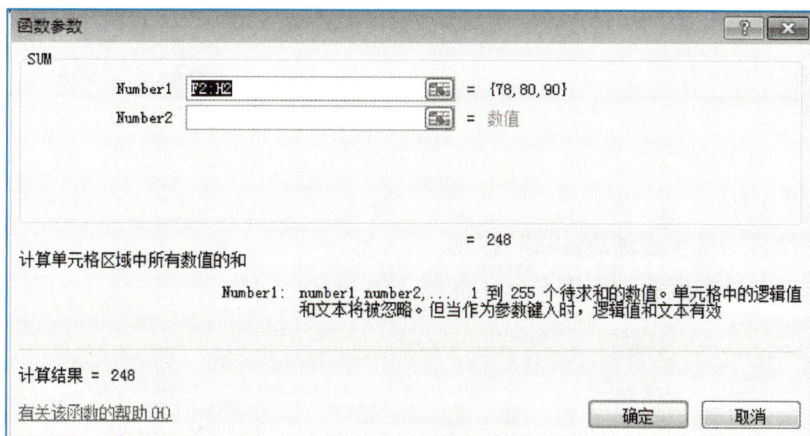

图3-4 "函数参数"对话框

③ 输入求和区域的单元格地址 F2:H2（相对地址）。

④ 单击"确定"按钮，将函数"=SUM(F2:H2)"插入到 I2 单元格内，计算出单元格 I2 的值。

⑤ 利用填充柄（或复制粘贴）将公式复制到 I3 至 I7 各单元格内，分别求出 F3:H3，F4:H4，…，F7:H7 的和。

（6）利用公式或函数（AVERAGE）求"平均分"。

① 在 J2 单元格中输入公式"=I2/3"，求出 J2 的平均值。

② 将 J2 单元格中的公式复制到 J3，J4，…，J7 中，完成求平均分操作。

③ 或者利用平均值函数（AVERAGE）计算，方法同 SUM 函数的用法。

（7）利用 IF 函数计算"等级"。

① 将光标定位到 K2 单元格中，选择"公式"选项卡→"函数库"组→"插入函数"，在打开的"插入函数"对话框中选择 IF 函数，打开"函数参数"对话框，如图 3-5 所示。

② 在"Logical_test"框中输入关系表达式"J2＞＝60"，"Value_if_true"框中输入"及格"，在"Value_if_false"框中输入字符（"＊"）。

③ 单击"确定"按钮，将 IF 函数插入到 K2 单元格中。

④ 使用填充柄（或复制粘贴）将公式复制到 K3 至 K7 各单元格内，做出相应标记。

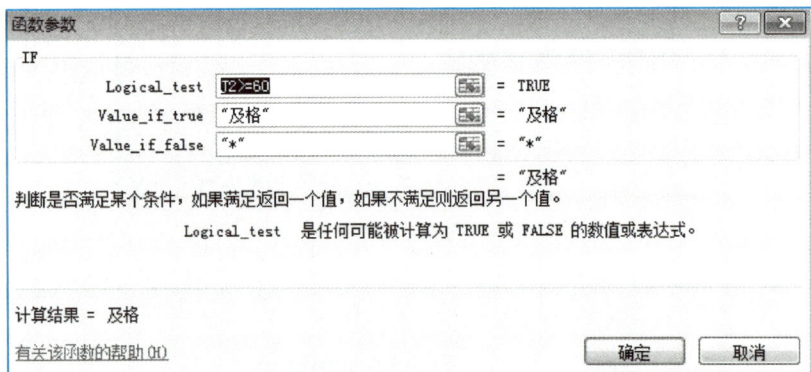

图 3-5　IF 函数参数设置对话框

（8）保存文件。

① 以文件名"学生成绩表.xlsx"存盘。

② 完成以上操作后的工作表 Sheet1 如图 3-6 所示。

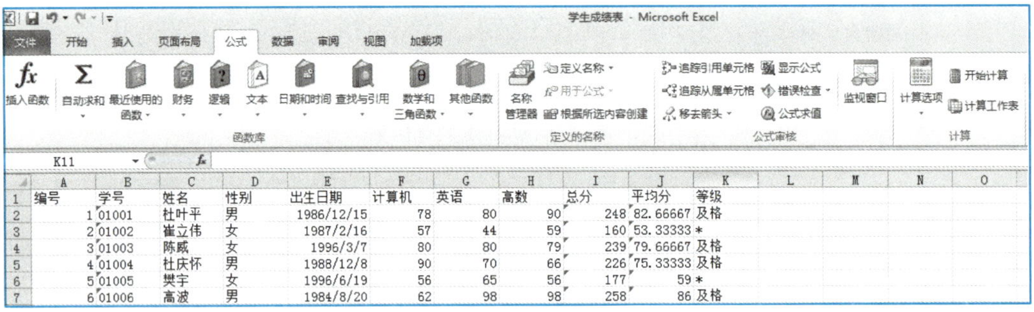

图 3-6　工作表 Sheet1

3.3.2　工作表的格式化操作

【实验要求】

（1）打开文件"学生成绩表.xlsx"，完成以下操作。

（2）在 Sheet1 工作表的第 1 行前插入一个空行，输入标题文字"第一学期成绩表"，合并 A1 到 K1 单元格，将标题字体设置为"华文彩云"，28 磅，水平和垂直均居中对齐，字体颜色为"黄色"，图案为"蓝色"，行高为"50 像素"。

（3）将 Sheet1 工作表第 2 行的行高设置为 26，其余各行的行高设置为 20，列宽设置为最适合的列宽。

（4）将 Sheet1 工作表表中的数据设置为楷体，14 号；字符型数据（包括编号和学号）设置为水平和垂直方向均居中对齐；数值型数据设置为水平右对齐，垂直方向居中对齐；并将平均分保留两位小数，将列宽设置为 9。

（5）条件格式的设定：将"平均分大于 80"的单元格设置为橙色，加粗倾斜、12.5% 灰色底纹，再将"平均分小于或等于 60"的单元格设置为蓝色，加粗，加双下划线。

（6）表格外框设置为"粗实线"，内框为"细实线"。

（7）选中表格中的"姓名""计算机""英语""高数"四列数据，形成第二个表格，并把它"转置"，放到从 A21 开始的区域，并对转置后的工作表的内容应用套用表格格式"表样式浅色 3"。

（8）对"学生成绩表"进行页面设置，设置上、下页边距为 2.5 厘米，设置页眉为"学生成绩"，设置页脚为当前日期，靠右显示。

（9）将工作表 Sheet1 更名为"第一学期"，并制作一个副本，名字为"第二学期"。

（10）将"学生成绩表.xlsx"存盘。

【实验步骤】

（1）打开文件"学生成绩表.xlsx"。

（2）设置标题行。

① 用鼠标选中第一行，右击，选择"插入"命令，即插入一空行。

② 在单元格内输入标题"第一学期成绩表"，选中 A1:K1 单元格区域，右击，在弹出的快捷菜单中选择"设置单元格格式"命令，打开"设置单元格格式"对话框，选择"对齐"选项卡，设置对齐方式为水平"居中"、垂直"居中"，并选择"合并单元格"。

③ 选中文字，利用工具栏中的"字体""字号"等按钮将字体设置为"华文彩云"，28 磅，字体颜色为"黄色"。

④ 选择"填充"选项卡，设置背景色为"蓝色"；单击"确定"按钮返回。

⑤ 用鼠标选中第 1 行，在第 1 行边界位置用鼠标拖动，调整行高为 50 像素。

（3）设置其他行行高、最适合的列宽。

① 选中第 2 行，右击，在弹出的快捷菜单中选择"行高"命令，在打开的对话框中的"行高"文本框中输入数值 26。

② 选中其他行，右击，在弹出的快捷菜单中选择"行高"命令，在打开的对话框中的"行高"文本框中输入数值 20。

③ 将光标放在两个单元格中间，当变成一个黑色实心的左右箭头的图标时，双击最右端边线，即可设置为最适合的列宽。

（4）设置单元格数据的格式。

① 选中 A 至 K 列数据及列标题字段，右击，在弹出的快捷菜单中选择"设置单元格格式"命令，打开"设置单元格格式"对话框，在"对齐"选项卡中设置水平和垂直均为"居中"对齐。

② 选中数据 A3 至 D8，右击，在弹出的快捷菜单中选择"设置单元格格式"命令，打开"设置单元格格式"对话框，在"对齐"选项卡中设置为水平靠右对齐、垂直"居中"对齐。

③ 选中数据 J3 至 J8，右击，在弹出的快捷菜单中选择"设置单元格格式"命令，打开"设置单元格格式"对话框，在"数字"选项卡中选择"数值型"数据，保留两位小数。

④ 选中 J 列，右击，在弹出的快捷菜单中选择"列宽"命令，设置列宽为 9。

（5）建立条件格式。

① 选中"平均分"列的数据，选择"开始"选项卡→"样式"组→"条件格式"下拉按钮→"突出显示单元格规则"→"大于"或"小于"，如图 3-7 所示。

图 3-7　条件格式的选择

② 在打开的对话框中输入大于 80，"设置为"选择自定义格式，在"格式"菜单设置字体格式为橙色，加粗倾斜，在填充栏目中，"图案样式"设置为 12.5% 灰色底纹，如图 3-8 所示。

图 3-8　条件格式的设定

③ 使用同样的方法设置平均分小于 60 分，在自定义格式中设置字体格式为蓝色，加粗、加双下划线。

（6）设置边框线。

① 选中 A1:K8 单元格区域，右击，在弹出的快捷菜单中选择"设置单元格格式"命

令，打开"设置单元格格式"对话框，在"边框"选项卡中，"外边框样式"设置为"粗实线"，"内框"设置为"细实线"。

② 单击"确定"按钮返回。

（7）设置自动套用格式。

① 选中表格中的"姓名"列，同时按住 Ctrl 键再选择"计算机""英语""高数"四列数据，复制。

② 把光标定位在 A21 单元格，右击，选择"选择性粘贴"命令，单击"粘贴"中的"转置"按钮。

③ 选中新表中的数据，选择"开始"选项卡→"样式"组→"套用表格格式"下拉按钮，选择"表样式浅色3"。

（8）设置页眉。

① 选择"页面布局"选项卡→"页面设置"组→"页边距"下拉按钮，设置上、下均为 2.5 厘米。

② 选择"页面布局"选项卡→"页面设置"组→"页眉"，选择自定义页眉，在编辑区域输入"学生成绩"。

③ 选择"页面布局"选项卡→"页面设置"组→"页脚"，选择自定义页脚，在编辑区域靠右的位置插入日期。

④ 单击"确定"按钮返回。

（9）制作副本。

① 双击左下方工作表"Sheet1"的名称，修改为"第一学期"。

② 修改完名称后，右击，选择"移动或复制工作表"命令，打开"移动或复制工作表"对话框，建立副本，位置在"Sheet2"工作表之前，如图 3-9 所示。

③ 将复制后的副本工作表名称由"第一学期（2）"改为"第二学期"。

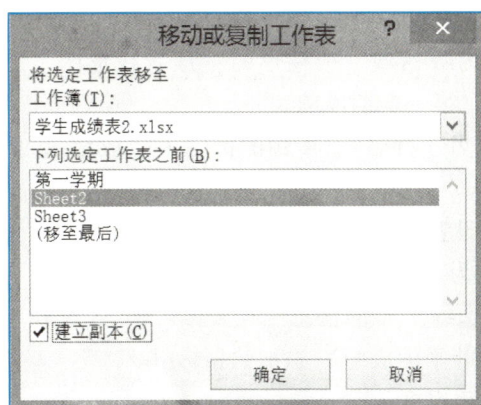

图 3-9 "移动或复制工作表"对话框

（10）保存文件“学生成绩表.xlsx”，修改后的工作簿如图 3-10 所示。

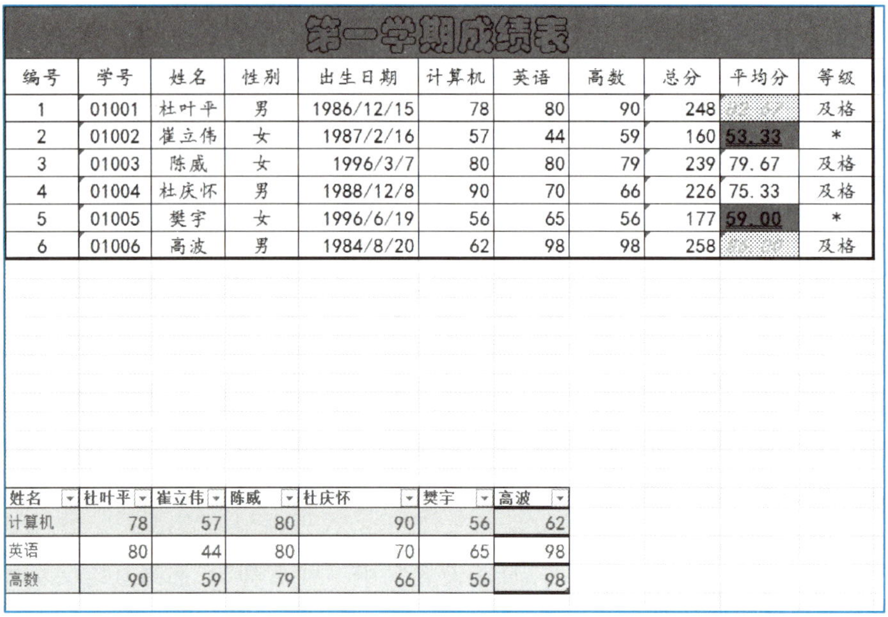

第一学期成绩表

编号	学号	姓名	性别	出生日期	计算机	英语	高数	总分	平均分	等级
1	01001	杜叶平	男	1986/12/15	78	80	90	248	82.67	及格
2	01002	崔立伟	女	1987/2/16	57	44	59	160	53.33	*
3	01003	陈威	女	1996/3/7	80	80	79	239	79.67	及格
4	01004	杜庆怀	男	1988/12/8	90	70	66	226	75.33	及格
5	01005	樊宇	女	1996/6/19	56	65	56	177	59.00	*
6	01006	高波	男	1984/8/20	62	98	98	258	86.00	及格

姓名	杜叶平	崔立伟	陈威	杜庆怀	樊宇	高波
计算机	78	57	80	90	56	62
英语	80	44	80	70	65	98
高数	90	59	79	66	56	98

图 3-10　工作表的格式化样张

3.3.3　使用图表

【实验要求】

（1）打开文件“学生成绩表.xlsx”，完成以下操作。

（2）将工作表“第一学期”中的“姓名”“计算机”“英语”“高数”“平均分”各列复制到工作表“Sheet3”中。

（3）利用“Sheet3”的数据做一个柱形的“簇状柱形图”图表，图表布局选择“布局 9”样式，图表标题为“第一学期成绩表一”。

（4）图表的 X 轴标题为“姓名”，Y 轴的标题为“成绩”，图表的位置放置在 A15 开始的区域。

（5）将图表标题字体设置为蓝色、隶书、16 磅。

（6）将图例的位置改为“靠上”，填充效果选择“纹理”中的“花束”背景，设置图例格式为“发光和柔化边缘”中的任意一种。

（7）为图表中的“杜叶平的成绩”添加数据标签。

（8）将图表区设置圆角边框。

（9）保存文件“学生成绩表.xlsx”。

（10）创建三维饼图。

（11）创建散点图。

（12）创建折线图。

【实验步骤】

（1）打开文件"学生成绩表.xlsx"。

（2）将工作表"第一学期"中不连续的单元格区域复制到"Sheet3"中。

① 打开文件"学生成绩表.xlsx"。

② 在工作表"第一学期"中，先选中单元格区域 C2:C8，然后按住 Ctrl 键分别选择单元格区域 F2:F8、G2:G8、H2:H8、J2:J8，单击工具栏上的"复制"按钮。

③ 选中工作表"Sheet3"，将光标定位到单元格 A1 中，单击工具栏上的"粘贴"按钮，完成复制，如图 3-11 所示。

	A	B	C	D	E
	姓名	计算机	英语	高数	平均分
	杜叶平	78	80	90	
	崔立伟	57	44	59	53.33
	陈威	80	80	79	79.67
	杜庆怀	90	70	66	75.33
	樊宇	56	65	56	59.00
	高波	62	98	98	

图 3-11　工作表 Sheet3

（3）制作柱形图表。

① 选择数据区 A1:E7，单击"插入"选项卡→"图表"组→"柱形图"，打开如图 3-12 所示的对话框。

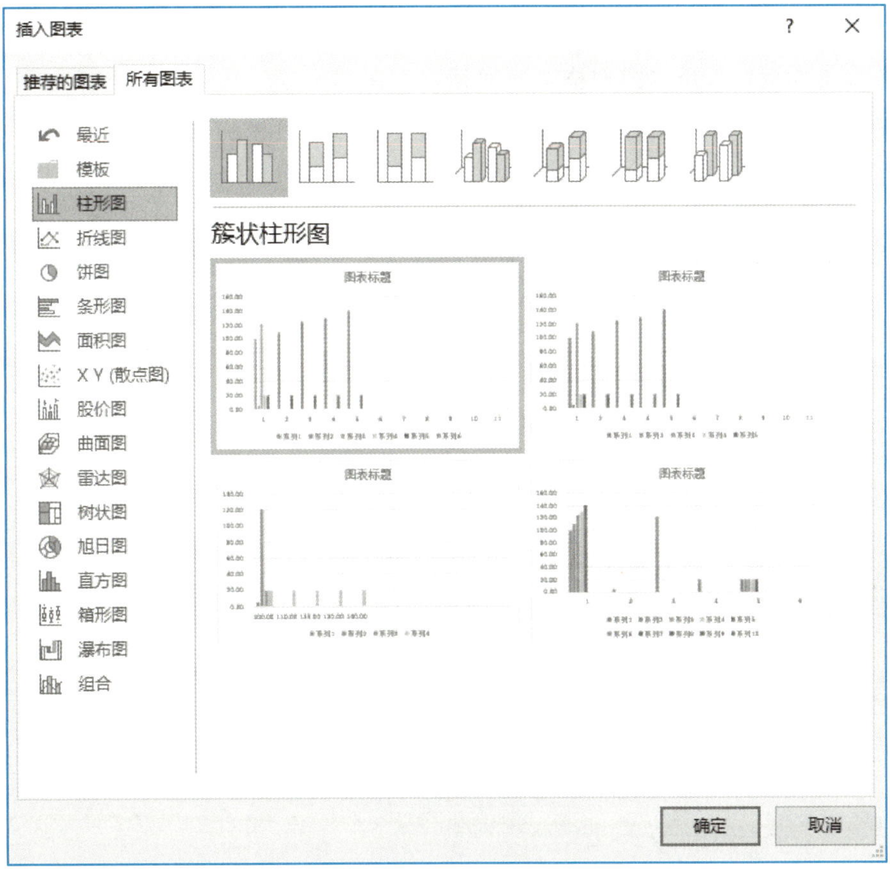

图 3-12　图表类型

② 在"快速布局"中选择"布局 9"样式,如图 3-13 所示。

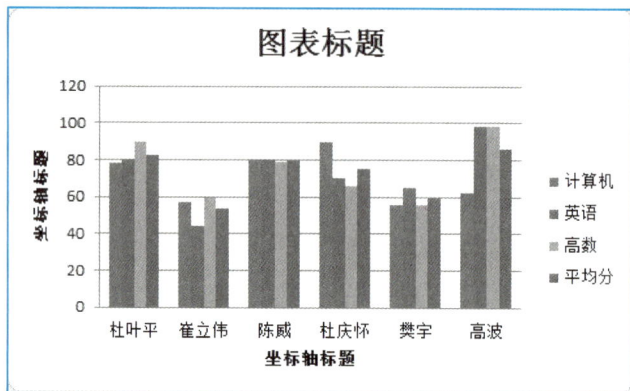

图 3-13　图表布局

（4）图表的 X 轴标题为"姓名",Y 轴的标题为"成绩",把图表拖放到 A15 开始的区域。

（5）选中图表标题,设置字体隶书,蓝色,16 磅。

（6）双击图例,打开"图例格式"对话框,在"位置"选项卡中选择"靠上";在"图案"选项卡中,填充效果选择"纹理"中的"花束"背景,设置图例格式为"发光和柔化边缘"中的任意一种。

（7）添加数据标签。

选中杜叶平的成绩中最左边的柱形,右键调出快捷菜单,添加数据标签。

（8）将图表区设置圆角边框,设计好的图表如图 3-14 所示。

双击图表区,设置"边框"为"圆角"。

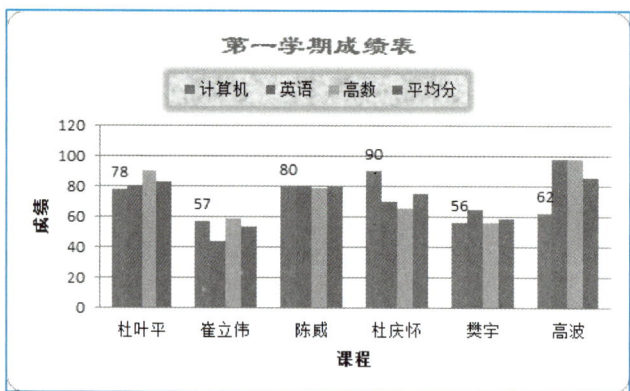

图 3-14　图表样张

（9）保存文件为"学生成绩表.xlsx"。

（10）创建三维饼图。

① 打开文件"公司销售额.xlsx"。

② 选中单元格区域 A1:B5。

③ 单击"插入"选项卡→"图表"组→"饼图"下拉按钮→"三维饼图"。

④ 在"快速布局"中选"布局 2"样式，如图 3-15 所示。

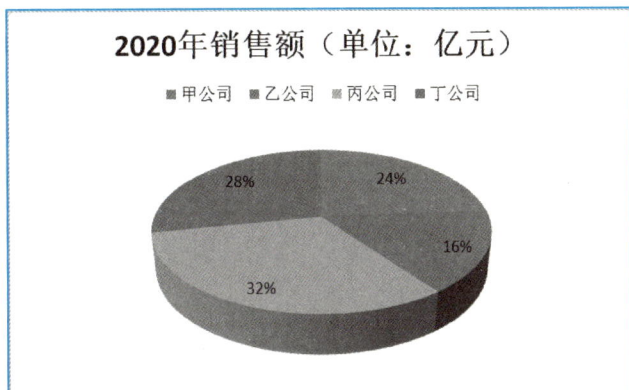

图 3-15　三维饼图样张

（11）创建散点图。

① 打开文件"学生信息.xlsx"。

② 选中单元格区域 B1:C20。

③ 执行"插入"选项卡→"图表"组→"散点图"下拉按钮→"仅带数据标记的散点图"。

④ 在"快速布局"中选择"布局 1"样式，横坐标标题填入"身高"，删除纵坐标标题，如图 3-16 所示。

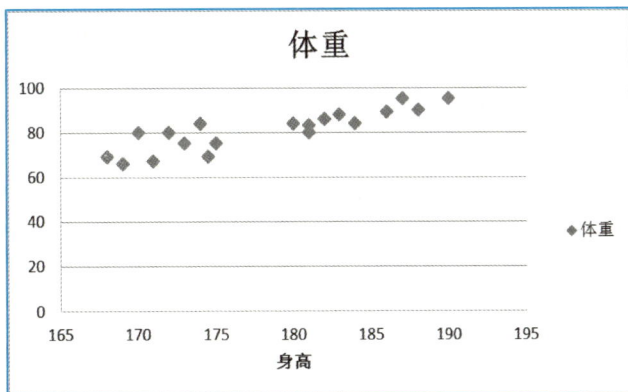

图 3-16　散点图样张

（12）创建折线图。

① 打开文件"A 公司 2020 年销售额表.xlsx"。

② 选中单元格区域 B1:C20。

③ 执行"插入"选项卡→"图表"组→"折线图"下拉按钮→"带数据标记的折线图"。

④ 双击图例，打开"图例格式"对话框，边框样式选择"实线"，颜色选择"黑色"。

双击绘图区，打开"设置绘图区格式"对话框，在"填充"中，选择"纯色填充"；填充颜色选择"白色，背景 1，深色 25%"，如图 3-17 所示。

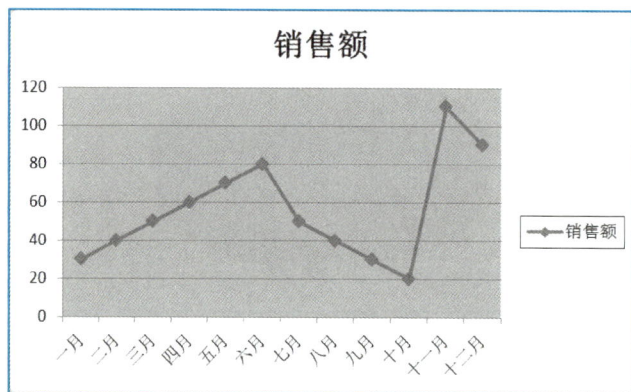

图 3-17　折纸图样张

3.3.4　数据管理、透视表的建立

【实验要求】

请利用图 3-18 所提供的源数据，按下列要求操作。

（1）打开一张工作簿，保存文件名为"2015 年工资表"，在 Sheet1 工作表中输入如图 3-18 所示的数据。

	A	B	C	D	E	F	G	H	I	J
1	员工编号	姓名	性别	出生年月	职称	基本工资	岗位津贴	医疗保险	住房公积金	实发工资
2	1	毕叶	男	1972/2/17	助理工程师	¥1,010.00			232	
3	2	蒋唯一	男	1950/4/8	高级工程师	¥1,830.00			350	
4	3	李倩	女	1969/9/10	会计师	¥1,232.00			280	
5	4	刘枫	女	1982/7/9	高级工程师	¥1,930.00			362	
6	5	罗瑞明	女	1976/8/12	助理工程师	¥950.00			241	
7	6	秦基业	男	1963/12/12	助理工程师	¥1,556.00			240	
8	7	史美琳	女	1960/12/10	工程师	¥1,688.00			280	
9	8	苏丽娜	女	1978/3/18	工程师	¥1,768.00			285	
10	9	王大伟	男	1975/7/15	助理工程师	¥1,465.00			288	
11	10	张志钧	男	1962/12/31	会计师	¥1,586.00			280	

图 3-18　2015 年工资表

（2）计算每位职工的岗位津贴、医疗保险、实发工资。

岗位津贴＝基本工资＊40%

医疗保险＝（基本工资+岗位津贴）＊5%，保留小数点后面两位小数。

实发工资＝基本工资+岗位津贴－医疗保险－住房公积金

（3）在工资表的后面增加三行，分别计算出基本工资、岗位津贴、医疗保险、住房公积金和实发工资的最大值、最小值和平均值。

（4）在工资表中实发工资的后面增加一列，列标题为"标记"，用于对实发工资超过2 000元的人员加上标记"高收入"，其余的不做任何标记。

（5）选中Sheet1中A1到J11数据，复制到Sheet2中，在Sheet2工作表中，按"实发工资"列降序排列，并将Sheet2工作表命名为"排序"。

（6）选中Sheet1中A1到J11数据，复制到Sheet3中，在Sheet3工作表中，利用"自动筛选"筛选出性别为"男"，并且职称为"助理工程师"的人员，并将Sheet3工作表命名为"自动筛选"。

（7）选中Sheet1中A1到J11数据，复制到Sheet4中，并将Sheet4工作表命名为"高级筛选表"，利用"高级筛选"筛选出"岗位津贴"低于600元，并且"实发工资"超过1 500元的人员。

（8）选中Sheet1中A1到J11数据，复制到新工作表中，并将工作表命名为"分类汇总表"，按职称进行分类汇总。分类字段：职称；汇总方式：平均值；汇总项：基本工资、岗位津贴、住房公积金、医疗保险、实发工资。

（9）选中Sheet1中A1到J11数据，复制到新工作表中，并将工作表命名为"数据透视表"。根据部门、职称、姓名、实发工资等数据，建立数据透视表。要求如下：数据透视表的位置在现有工作表C20开始的区域，列标签为职称，行标签为姓名，报表筛选为性别，数值为实发工资，汇总方式为平均值，并对表中数据进行比较分析。

【实验步骤】

（1）打开Excel 2016，新建一张工作簿，在Sheet1中输入如图3-18所示的数据，保存工作簿，名称为"2015年工资表"。

（2）用公式计算岗位津贴、医疗保险、实发工资。

① 把光标定位在岗位津贴列G2单元格内，输入"＝F2＊40%"，按回车键确认，然后依次复制公式到G3到G10单元格，完成岗位津贴的计算。

② 把光标定位在医疗保险列H2单元格内，输入"＝（F2+G2）＊5%"，按回车键确认，然后依次复制公式到H3到H10单元格，完成医疗保险的计算。然后选中此列数据，设置保留小数点后面两位小数。

③ 把光标定位在实发工资列J2单元格内，输入"＝F2+G2－H2－I2"，按回车键确认，然后依次复制公式到J3到J10单元格，完成实发工资的计算。

（3）最大值、最小值、平均值计算。

① 选中A12到E12单元格，在工具栏上选择"合并及居中"，在单元格内输入"最大值"。

② 同样步骤依次在第 13 行、第 14 行输入"最小值""平均值"。

③ 在 F12 单元格输入"＝MAX(F2:F11)"，按回车键确认，然后依次复制公式到 G12 到 J12 单元格，即把每列的最大值求出。

④ 在 F13 单元格输入"＝MIN(F2:F11)"，按回车键确认，然后依次复制公式到 G13 到 J13 单元格，即把每列的最小值求出。

⑤ 在 F14 单元格输入"＝AVERAGE(F2:F13)"，按回车键确认，然后依次复制公式到 G14 到 J14 单元格，即把每列的平均值求出。

（4）IF 函数。

① 在 K1 单元格输入"标记"。

② 在 K2 单元格输入"＝IF(J2>2000,"高收入"," ")"。

③ 按回车键确认，然后依次复制公式到 K3 到 K10 单元格，即把收入超过 2 000 元的做标记。

（5）排序。

① 选中 A1 到 J11 数据区域。

② 选择"数据"选项卡→"排序和筛选"组→"排序"，打开"排序"对话框，如图 3-19 所示。

图 3-19 "排序"对话框

③ 在"主要关键字"下拉列表中选择"实发工资"，在"次序"下拉列表中选择"降序"。

④ 单击"确定"按钮返回。

⑤ 将 Sheet2 重命名为"排序"。

（6）自动筛选。

① 将光标定位在工作表 Sheet3 的数据区的任意单元格内，选择"数据"选项卡→"排序和筛选"组→"筛选"，为工资表中的所有列设置自动筛选下拉项。

② 在"性别"筛选下拉列表中选择"男"；在"职称"筛选下拉列表中选择"助理工程师"，如图 3-20 所示。

A	B	C	D	E	F	G	H	I	J
员工编号▼	姓名▼	性别▼	出生年月▼	职称▼	基本工资▼	岗位津贴▼	医疗保▼	住房公积▼	实发工资▼
1	毕叶	男	1972/2/17	助理工程师	¥1,010.00	¥404.00	70.7	232	¥1,111.30
6	秦基业	男	1963/12/12	助理工程师	¥1,556.00	¥622.40	108.92	240	¥1,829.48
9	王大伟	男	1975/7/15	助理工程师	¥1,465.00	¥586.00	102.55	288	¥1,660.45

图 3-20　设置自动筛选后的工作表

（7）高级筛选。

筛选出"岗位津贴"低于 600 元，并且"实发工资"超过 1 500 元的人员。

① 选中 $A$1 到 $J$11 数据区域，复制到新的工作表中，并且将数据表命名为"高级筛选表"。

② 设置筛选区域：在工作表"高级筛选表"的任意单元格区域内输入列名和条件（本题条件区域为 $C$15：$D$16。因为条件为"与"的关系，故将条件写在同一行内；若为"或"的关系，条件应写在两行内），如图 3-21 所示。

③ 将光标定位在工作表"高级筛选表"的数据区的任意单元格内，选择"数据"选项卡→"排序和筛选"组→"高级"，打开"高级筛选"对话框，如图 3-22 所示；"方式"选择"将筛选结果复制到其他位置"。

④"列表区域"选择 A1:J11，"条件区域"选择 C15:D16，"复制到"选择 $A$20。

⑤ 单击"确定"按钮返回。

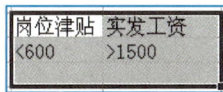

图 3-21　条件区域　　　　图 3-22　高级筛选

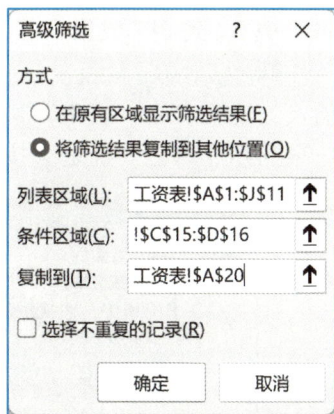

（8）分类汇总。

① 选中 Sheet1 中 A1 到 J11 数据，复制到新工作表中，并将工作表命名为"分类汇总表"。

② 按分类关键字"职称"排序：将光标定位在工作表"分类汇总表"中的任意单元格中，按"职称"升序排序。

汇总：选择"数据"选项卡→"分级显示"组→"分类汇总"，打开"分类汇总"

对话框，如图 3-23 所示。

③ "分类字段"选择"职称"，"汇总方式"选择"平均值"，"选定汇总项"选择基本工资、岗位津贴、医疗保险、住房公积金、实发工资。

④ 单击"确定"按钮，将工作表"分类汇总表"的数据按"职称"字段分类汇总，分别求出基本工资、岗位津贴、医疗保险、住房公积金、实发工资的平均值。

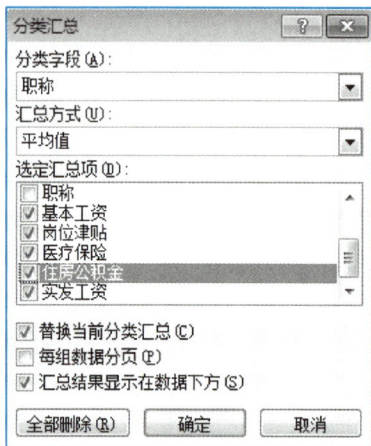

图 3-23　"分类汇总"对话框

（9）数据透视表。

① 选中 Sheet1 中 A1 到 J11 数据，复制到新工作表中，并将工作表命名为"数据透视表"。

② 选择"插入"选项卡→"表格"组→"数据透视表"，打开"创建数据透视表"对话框，如图 3-24 所示，单击"确定"按钮。

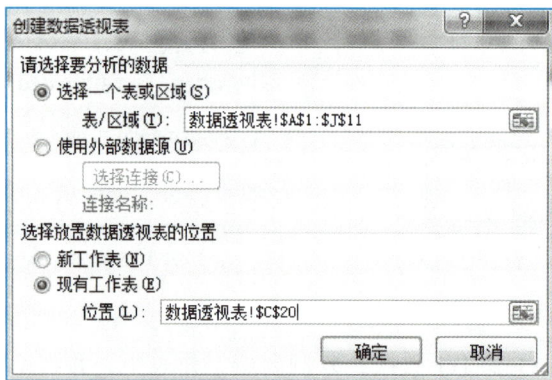

图 3-24　创建数据透视表步骤 1

③ 布局设置，直接用鼠标拖动字段，列标签为职称，行标签为姓名，报表筛选字段为性别，数值为实发工资，汇总方式为平均值，如图 3-25 所示。

④ 设计后的数据透视表如图 3-26 所示。

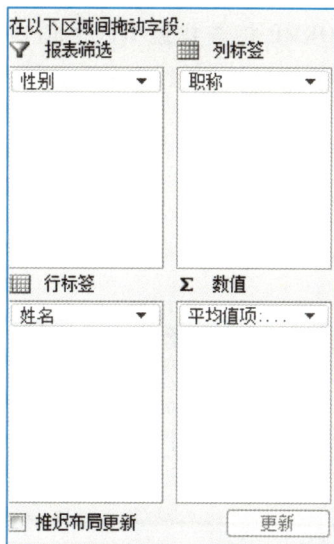

图 3-25　创建数据透视表步骤 2

性别	(全部)					
平均值项:实发工资	列标签					
行标签	高级工程师	工程师	会计师	会计师	助理工程师	总计
毕叶					1111.3	1111.3
蒋唯一	2083.9					2083.9
李倩				1358.56		1358.56
刘枫	2204.9					2204.9
罗瑞明					1022.5	1022.5
秦基业					1829.48	1829.48
史美琳		1965.04				1965.04
苏丽娜		2066.44				2066.44
王大伟					1660.45	1660.45
张志钧			1829.38			1829.38
总计	**2144.4**	**2015.74**	**1829.38**	**1358.56**	**1405.9325**	**1713.195**

图 3-26　数据透视表样张

3.3.5　VLOOKUP 函数操作

VLOOKUP 函数是 Excel 中的一个纵向查找函数，它与 LOOKUP 函数和 HLOOKUP 函数属于一类函数，在工作中都有广泛应用，例如可以用来核对数据，在多个表格之间快速导入数据等。VLOOKUP 函数的功能是按列查找，最终返回该列所需查询序列所对应的值；与之对应的 HLOOKUP 是按行查找的。

VLOOKUP 函数中的参数 Lookup_value 为需要在数据表第一列中进行查找的值。Lookup_value 可以为数值、引用或文本字符串。

Table_array 为需要在其中查找数据的数据表。

col_index_num 为 table_array 中查找数据的数据列序号。

Range_lookup 为一个逻辑值，指明函数 VLOOKUP 查找时是精确匹配，还是近似匹配。如果为 FALSE 或 0，则返回精确匹配，如果找不到，则返回错误值#N/A。如果 Range_lookup 为 TRUE 或 1，函数 VLOOKUP 将查找近似匹配值。如果 Range_lookup 省略，则默认为 1。

【实验要求】

（1）打开"员工销售情况表.xls"，如图 3-27 所示，利用 VLOOKUP 函数精确查找工号为"001"的员工的"全年合计"数据。

（2）根据提成的比例关系，模糊查找工号为"001"的员工的提成数据。

	A	B	C	D	E	F	G	H	I	J
1	工号	第一季度	第二季度	第三季度	第四季度	全年合计			收入	提成
2	001	500	600	600	400	2100			2000	2%
3	002	600	700	500	700	2500			3000	3%
4	003	650	630	0	800	2080			4000	4%
5	004	880	950	1000	900	3730				
6	005	500	700	700	900	2800				
7										
8										
9										
10										
11	工号	全年合计	提成							
12	001									

图 3-27　员工销售情况表

【实验步骤】

（1）精确查找。

① 打开"员工销售情况表.xls"。

② 选中单元格区域 B12。

③ 执行"公式"选项卡→"函数库"组→"插入函数"，在打开的"插入函数"对话框中选中"VLOOKUP"函数，单击"确定"按钮。

④ 在"函数参数"对话框中对参数进行设置。"Lookup_value"：选中单元格区域 A12。"Table_array"：选中单元格区域 A2：F6。"Col_index_num"：输入 6。"Range_lookup"：输入 0，如图 3-28 所示，单击"确定"按钮，完成 B12 单元格数据的填充。

（2）模糊查找。

① 选中单元格区域 C12。

② 执行"公式"选项卡→"函数库"组→"插入函数"，在打开的"插入函数"对话框中选中"VLOOKUP"函数，单击"确定"按钮。

③ 在"函数参数"对话框中对参数进行设置。"Lookup_value"：选中单元格区域 B12。"Table_array"：选中单元格区域 I2：J4。"Col_index_num"：输入 2。"Range_lookup"：输入 1，如图 3-29 所示，单击"确定"按钮，完成 C12 单元格数据的填充。数据完成效果如图 3-30 所示。

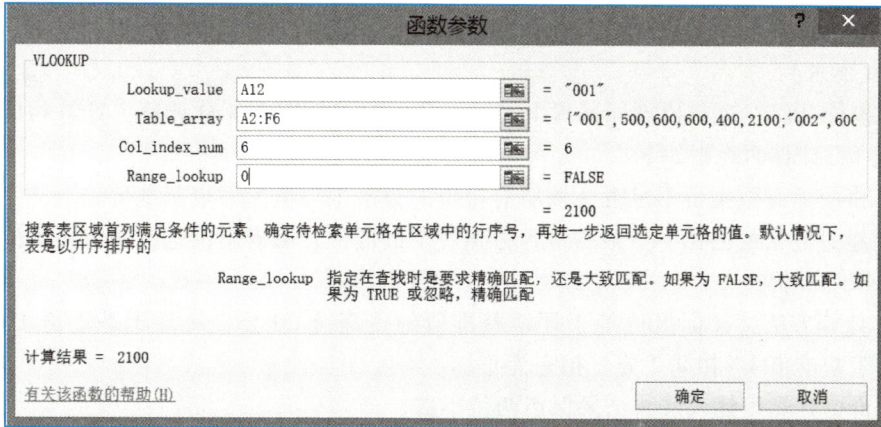

图 3-28　精确查找

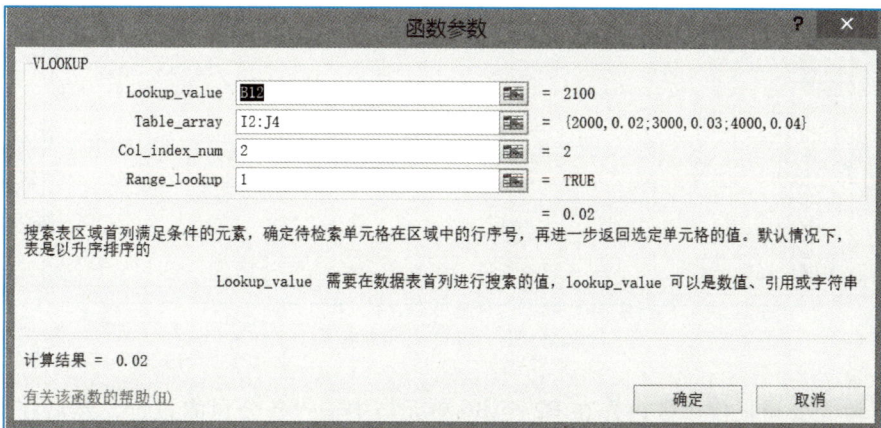

图 3-29　模糊查找

	A	B	C	D	E	F	G	H	I	J
1	工号	第一季度	第二季度	第三季度	第四季度	全年合计			收入	提成
2	001	500	600	600	400	2100			2000	2%
3	002	600	700	500	700	2500			3000	3%
4	003	650	630	0	800	2080			4000	4%
5	004	880	950	1000	900	3730				
6	005	500	700	700	900	2800				
7										
8										
9										
10										
11	工号	全年合计	提成							
12	001	2100	0.02							

图 3-30　数据完成效果

3.3.6 综合运算

【实验要求】

某招投标公司在进行招投标过程中对投标公司标书的综合评分计算，计算相应报价评分（20 分），计算的规则如下：

（1）供应商有效报价不足五家取所有报价的算术平均值为评审基准价；

（2）超过五家的去掉一个最高价，去掉一个最低价，取剩余供应商所有报价的算术平均值为评审基准价；

（3）计算方法：投标报价等于评审基准值的得满分 20 分，每高于基准值 1%扣 0.5 分，每低于基准值 1%扣 0.2 分，扣完为止。

以上价格计算用插入法，结果保留两位小数。

【实验步骤】

（1）首先在电子表格中输入行标头和列标头部分，如图 3-31 所示。

	A	B	C	D	E	F	G	H
1		报价	报价家数	评审基准价	报价满分	报价得分		
2	报价1							
3	报价2							
4	报价3							
5	报价4							
6	报价5							
7	报价6							
8	报价7							
9	报价8							
10	报价9							
11	报价10							
12								

图 3-31　行标头和列标头

（2）计算公司报价家数，先在 B2 至 B6 单元格中输入各公司的报价，然后在 C2 单元格中利用 COUNT 函数计算，方法为：=COUNT(B2:B11)，如图 3-32 所示。

C2　=COUNT(B2:B11)

	A	B	C	D	E	F
1		报价	报价家数	评审基准价	报价满分	报价得分
2	报价1	100.00	5.00			
3	报价2	110.00				
4	报价3	125.00				
5	报价4	130.00				
6	报价5	140.00				
7	报价6					
8	报价7					
9	报价8					
10	报价9					
11	报价10					

图 3-32　报价家数

（3）计算评审基准价格，在 E2 单元格中利用 IF 函数计算，根据计算规则，要判断供应商的家数，然后分两种情况进行计算，具体方法如图 3-33 所示。

图 3-33　评审基准价

因为需要用到嵌套判断，在 IF 函数的第三个参数里再嵌套一个 IF 判断，如图 3-34 所示。

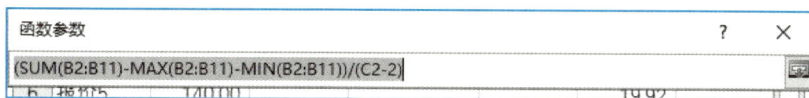

图 3-34　IF 函数参数设置

（4）计算每个公司的报价的最后得分，在 F2 单元格里用 IF 函数计算，如图 3-35 所示。

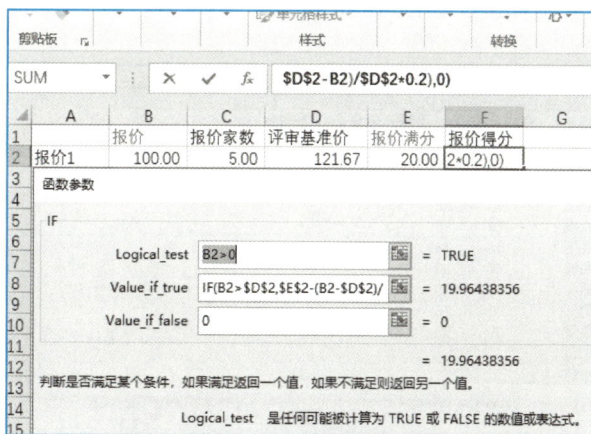

图 3-35　报价得分

根据规则，要分两种情况计算分值，在 IF 函数的第二个参数里又嵌套一个 IF 函数，如图 3-36 所示。

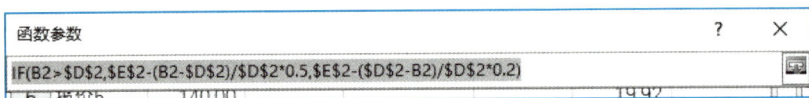

图 3-36　报价得分参数设置

（5）复制公式从 F2 到 F10，得到每家公司的最后报价得分，如图 3-37 所示。

	A	B	C	D	E	F	G
1		报价	报价家数	评审基准价	报价满分	报价得分	
2	报价1	100.00	5.00	121.67	20.00	19.96	
3	报价2	110.00				19.98	
4	报价3	125.00				19.99	
5	报价4	130.00				19.97	
6	报价5	140.00				19.92	
7	报价6					0.00	
8	报价7					0.00	
9	报价8					0.00	
10	报价9					0.00	
11	报价10					0.00	
12							

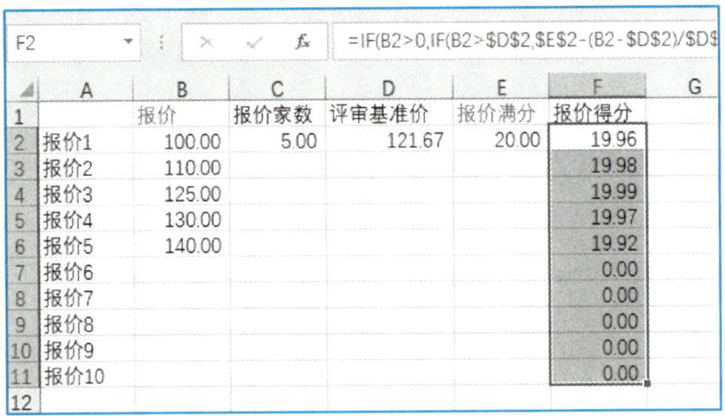

图 3-37　公式复制

3.4　实验作业

1. 按照如下要求进行 Excel 表格操作。

（1）建立学生成绩统计表，如图 3-38 所示。

	A	B	C	D	E	F	G	H	I
1	姓名	数学	语文	英语	总分	平均分			
2	王亮	77	66	88					
3	李学	67	89	70					
4	赵伟	98	87	67					
5	于心刚	90	88	67					
6	孙成庆	78	65	90					
7	赵兰玉	56	76	76					
8	桂海波	77	98	90					
9	高振	76	88	90					
10	邓涛	56	76	64					
11	王蒙蒙	67	88	88					
12	最大值								
13	最小值								

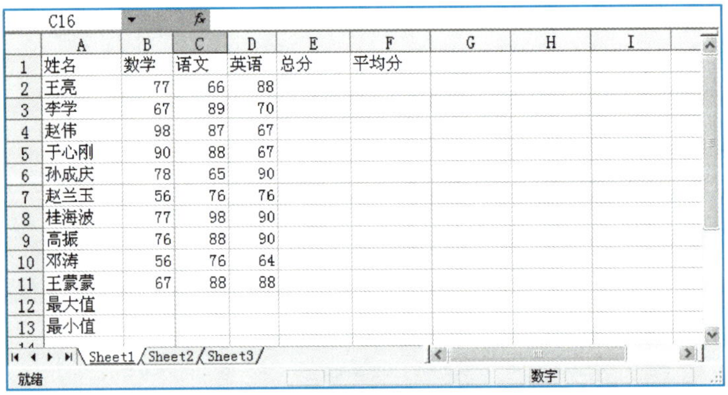

图 3-38　练习 1 数据

（2）利用函数或公式的方法求出每个学生的平均分、总分（保留一位小数），并求出每门功课的最高分、最低分（保留两位小数）。

（3）利用逻辑函数求出每个学生的综合测评成绩，在 G1 单元格输入列标题“测评成绩"，要求是：平均成绩大于 85 分为"优秀"，其他为"一般"。

（4）利用自动筛选显示"平均分"大于 70 的学生信息。然后对查找到的信息按照从高分到低分顺序排序，如果平均成绩相同，则英语成绩高者排在前。

（5）对筛选出来的数据，利用表中前四列及"平均分"列生成数据点折线图，数据系列产生在列，把图表放在 A20 开始的区域。

（6）设置属性，其中图例为楷体 14 号，位置改为"靠左"，改变绘图区背景颜色，选择"渐变填充"，设置自己喜欢的颜色，清除背景的网格线。

（7）设置曲线的线形和颜色。"英语"分数曲线用橙色，数据标记样式选择第二个"菱形"，前景色为自己喜欢的颜色，大小为 8 磅。

（8）把数据点折线图缩放到 A20 开始至 F30 的区域。数据点折线图如图 3-39 所示。

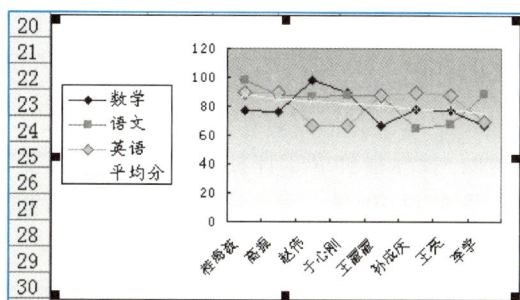

图 3-39　数据点折线图

2. 按照如下要求进行 Excel 表格操作。

（1）录入如图 3-40 所示数据，利用公式计算出"总计"列数据，即：总计 = 单价 * 数量。

图 3-40　练习 2 数据

（2）将"总计"列数据设置为货币表示，并保留小数点后两位数字。

（3）将"总计"列数据超过 3 000 的设置为条件格式，要求：字体颜色为紫罗兰色，加双下划线，背景为 12.5% 的灰色。

（4）将数据复制到 Sheet2 中，并将工作表 Sheet1 重命名为"分类汇总表"，将 Sheet2 工作表重命名为"分类汇总表"。

（5）将"分类汇总表"按"商场或超市"字段进行分类汇总，分类字段为"商品名"，汇总方式为"求和"，汇总项为"总计"。

（6）利用数据生成数据透视表，将透视表放到 A20 开始的区域，数据透视表的行字段为"商品名"，列字段为"商场或超市"，数据项为"总计"，汇总方式选择"平均值"。

3. 应用实例。

利用 Excel 2016 完成：政府采购招投标计算工作中的商务评分部分（40 分），此题可使用 3.3.6 节的数据，要求如下。

（1）评标基准价计算方法：当有效投标人大于 5 个时，以所有有效报价去掉其中最高和最低报价后的平均值为评标基准价；当有效投标人小于或等于 5 个时，所有有效投标报价的平均值即为评标基准价（四舍五入保留小数点后两位）。

（2）投标报价的偏差率计算公式：偏差率 = 100% × （投标人报价 - 评标基准价）/评标基准价。

（3）投标报价评分标准：投标报价等于评标基准价的得 40 分；投标报价每高于评标基准价 1%，扣减 0.2 分，最多扣 10 分；投标报价每低于评标基准价 1%，扣减 0.1 分，最多扣 10 分。以此类推，不足一个百分点的按插值法计算得分。

实验 4

使用 PowerPoint 创作演示文稿

4.1 知识要点

4.1.1 创建演示文稿

创建演示文稿的常用方法有以下几种。

（1）启动 PowerPoint 程序后就会新建一个空白演示文稿。

（2）将 Word 中的内容发送到 PowerPoint：在使用 Word 中的"发送到 Microsoft Power-Point"命令前，需要将素材内容分别应用内置的样式标题 1、标题 2、标题 3……依次对应 PowerPoint 中的标题、一级文本、二级文本……单击"发送到 Microsoft PowerPoint"按钮后，会自动生成一个包含素材内容的演示文稿。

4.1.2 幻灯片的基础设置

1. 新建幻灯片

在制作演示文稿时，需要新建一些空白幻灯片。常用的方法有以下几种。

（1）在"开始"选项卡"幻灯片"组中，单击"新建幻灯片"按钮就可以新建一张幻灯片。

（2）在"幻灯片浏览窗格"中，右击，在弹出的快捷菜单中选择"新建幻灯片"命令就可以新建一张幻灯片。

（3）若演示文稿中已有幻灯片，想要添加新的幻灯片，可以将光标置于"幻灯片浏览窗格"中，按一次 Enter 键就可以新建一张幻灯片。

2. 幻灯片版式

如果想制作一份精美的演示文稿，就需要利用幻灯片版式对幻灯片不同的内容进行合理的布局和排版。PowerPoint 中内置了很多不同的标准版式，当这些版式不能满足需求时，还可以根据自己的需要去自定义版式。

要为幻灯片应用某种版式时，首先需要选中幻灯片，然后单击"幻灯片"组中的"版式"下拉按钮，在下拉列表中即可为幻灯片选择相应的版式，如图 4-1 所示；也可以右击，在弹出的快捷菜单的"版式"里选择合适的版式。

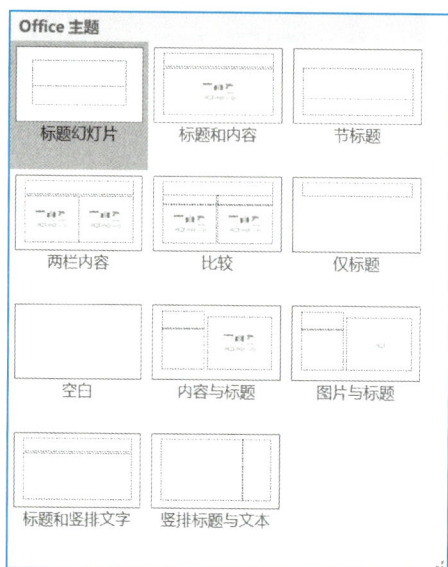

图 4-1 幻灯片版式

3. 删除幻灯片

在"幻灯片浏览窗格"中选中幻灯片，右击，选择"删除幻灯片"命令。

在"幻灯片浏览窗格"中选中幻灯片，按 Backspace 或 Delete 键进行删除。

4. 幻灯片的重复利用

如果在正在进行编辑的幻灯片中需要用到其他 PPT 文件中的几张幻灯片，可以利用下面的两种方法将幻灯片插入到当前的文件中。

（1）复制粘贴

选择需要重复利用的幻灯片，右击，选择"复制"命令，或直接按 Ctrl+C 键进行复制。将光标定位到需要重复利用幻灯片的位置，右击，选择"粘贴选项"下适当的粘贴方式进行粘贴，或直接按 Ctrl+V 键进行粘贴。除了可以在同一个演示文稿中复制粘贴幻灯片，也可以跨演示文稿复制粘贴。

（2）重用

除了复制粘贴外，还可以使用 PowerPoint 中的"重用"命令对其他演示文稿中的幻灯片进行重复利用。

在"开始"选项卡下单击"新建幻灯片"下拉按钮，在下拉列表中选择"重用幻灯片"命令，如图 4-2 所示。在右侧弹出的"重用幻灯片"窗格中，可以单击"浏览"按钮，选择"浏览文件"，在弹出的对话框中找到需要利用的幻灯片，单击"打开"按钮，此时"重用幻灯片"窗格中就出现了要重用的幻灯片缩略图。

图 4-2 "重用幻灯片"命令

　　单击对应的幻灯片缩略图，即可将其插入到当前幻灯片中。若想要保留幻灯片原本的格式，可以选中"保留源格式"复选框，再单击相应的幻灯片缩略图，将其插入到当前幻灯片中。

5. 移动幻灯片

　　在演示文稿的制作过程中，幻灯片的顺序有时候需要进行调整。可以先选中幻灯片，按住鼠标左键将其拖动到对应的位置。也可以右击，选择"剪切"幻灯片，然后将光标放置到相应的位置后再进行粘贴。

6. 节的设置

　　当演示文稿中幻灯片数量较多时，可以通过分节操作快速定位和管理幻灯片。

　　选中一张幻灯片，右击，选择"新增节"命令，就可以将该幻灯片及下方幻灯片作为一节，如图 4-3 所示。

　　单击节标题，可以选中该节中的所有幻灯片。

　　右击节标题，可以对节进行重命名、删除、展开、折叠等操作，如图 4-4 所示。

✂ 剪切(T)	
⧉ 复制(C)	
⧉ 粘贴选项:	
⧉	
⧉ 新建幻灯片(N)	
⧉ 复制幻灯片(A)	
⧉ 删除幻灯片(D)	⧉ 重命名节(R)
⧉ 新增节(A)	⧉ 删除节(E)
⧉ 发布幻灯片(S)	⧉ 删除节和幻灯片(M)
检查更新(U)	⧉ 删除所有节(V)
⧉ 版式(L)	▲ 向上移动节(U)
⧉ 重设幻灯片(R)	▼ 向下移动节(W)
⧉ 设置背景格式(B)...	⧉ 全部折叠(O)
相册(P)...	⧉ 全部展开(X)
⧉ 隐藏幻灯片(H)	

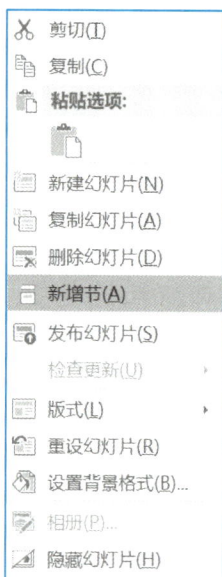

图 4-3 "新增节"命令   图 4-4 对节进行相关操作

▶ 4.1.3 插入

一个精美的演示文稿中，图片、表格、图表、SmartArt 图形、文本等元素是不可缺少的。本节就为大家介绍部分相关内容的插入与设置。

1. 图片

先切换到要插入图片的幻灯片，单击"插入"选项卡"图像"组中的"图片"按钮，在弹出的"插入图片"对话框中找到需要插入的图片，单击"插入"按钮，即可将图片插入幻灯片中。也可以通过单击内容占位符中的"图片"按钮，打开"插入图片"对话框完成图片的插入。

图片插入完成后，可以对图片进行相应的设置，使其更加美观。图片的设置在 Word 部分已经详细讲解过，这里只讲一部分 Word 中未涉及的图片设置。

（1）设置透明色

某些图片在使用时，可能会与其余图片重叠，这时图片的某些部分就会遮挡住下方图片或其他内容，可以利用"设置透明色"这个命令解决。

选中图片，切换到"图片工具 | 格式"选项卡，单击"颜色"下拉按钮，在下拉列表中选择"设置透明色"命令，将指针移动到需要设置透明色的位置单击即可。

（2）更改图片

图片插入完成后，此时若想更换成另外一张图片，可以通过"更改图片"命令进行设置。更改后的图片会保留之前图片设置好的所有格式，不需要再重复设置。

选中图片，切换到"图片工具 | 格式"选项卡，单击"调整"组中的"更改图片"

按钮，在弹出的对话框中重新选择图片。也可以选中图片，右击，在快捷菜单中选择"更改图片"命令，在弹出的"插入图片"对话框中选择"从文件"，然后选中要修改的图片插入即可。

2. 相册

当有大量图片需要向观众展示时，可以利用 PowerPoint 中的"相册"功能向观众展示制作精美的相册。

单击"插入"选项卡"图像"组中的"相册"按钮，弹出"相册"对话框，如图 4-5 所示。单击"相册内容"组中的"插入图片来自："下的"文件/磁盘"按钮，打开"插入新图片"对话框，然后选中需要制作成相册的图片，单击"插入"按钮。

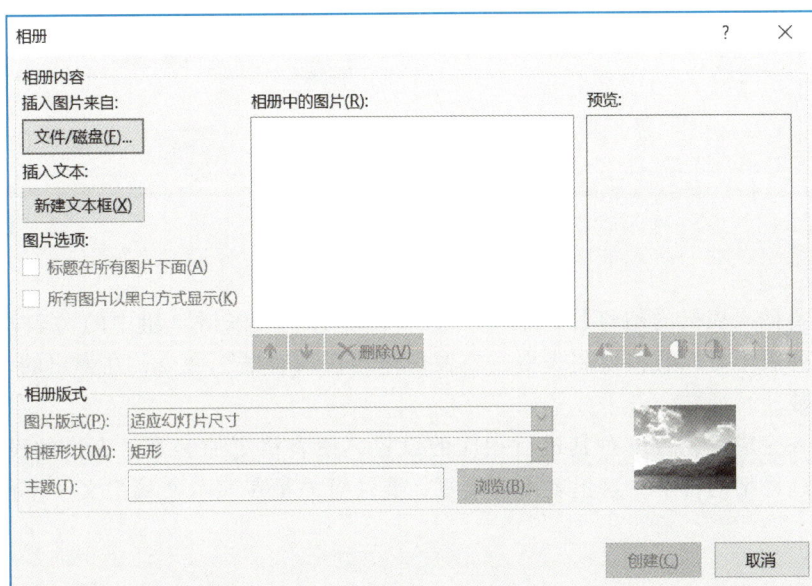

图 4-5 "相册"对话框

图片插入相册后，可以选中图片在右侧进行预览。选中图片名称前的复选框，通过单击"↑""↓"箭头调整图片的位置，也可以单击"删除"按钮，删除多余的图片。

相册内容设置完成后，在"相册版式"组中单击"图片版式"文本框的下拉按钮，可以选择将图片版式设置为"1 张图片""2 张图片"……或"1 张图片（带标题）""2 张图片（带标题）"……。单击"相框形状"文本框的下拉按钮，可以为相册设置一种合适的相框形状。设置完成后，可以在右侧进行预览，如图 4-6 所示。

全部设置完成后，单击"创建"按钮，就会自动生成一个包含所有图片的相册。

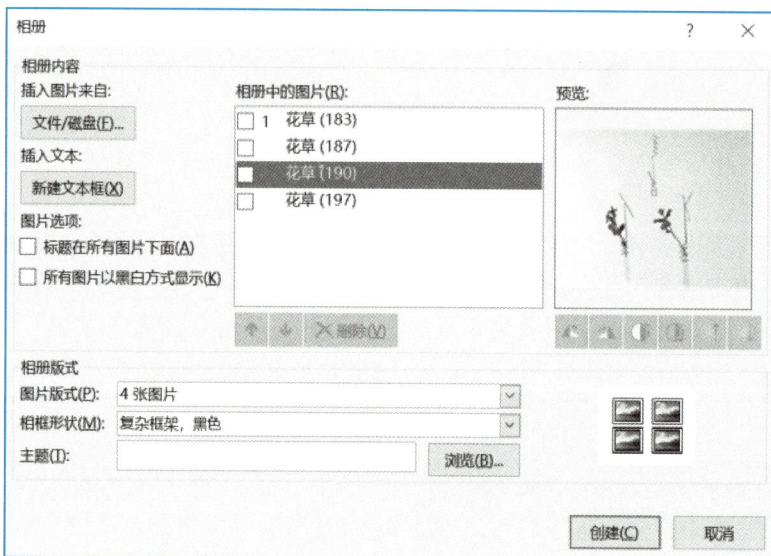

图 4-6　设置相册版式

3. 表格

切换到要插入表格的幻灯片，单击"插入"选项卡"表格"组中的"表格"下拉按钮，在下拉列表中可以直接绘制表格，或者选择"插入表格"命令，在弹出的对话框中设置行数和列数。

表格插入完成后，可以对其进行相应的设置，使表格更加美观。表格的设置在 Word 部分已进行过详细的讲解，这里就不再重复，要注意的是在演示文稿中文字不能直接转换为表格。

4. 图表

图表是 Office 中经常使用的功能，它可以更直观地反映出各个数据之间的关系。

（1）插入图表

切换到需要插入图表的幻灯片，单击"插入"选项卡"插图"组中的"图表"按钮，在弹出的对话框中选择需要设置的图表类型，如图 4-7 所示。也可以单击内容占位符中的"图表"按钮，打开"插入图表"对话框。

（2）设置图表格式

图表插入完成后可以进行相应的设置，使其更加美观。

选中图表，切换到"图表工具 | 设计"选项卡，在"图表样式"组中可以更改图表样式和颜色；在"图表布局"组中可以调整图表的布局以及修改图表元素，如图 4-8 所示；在"数据"组中可以重新选择并编辑数据；在"类型"组中可以更改图表类型，如图 4-9 所示。

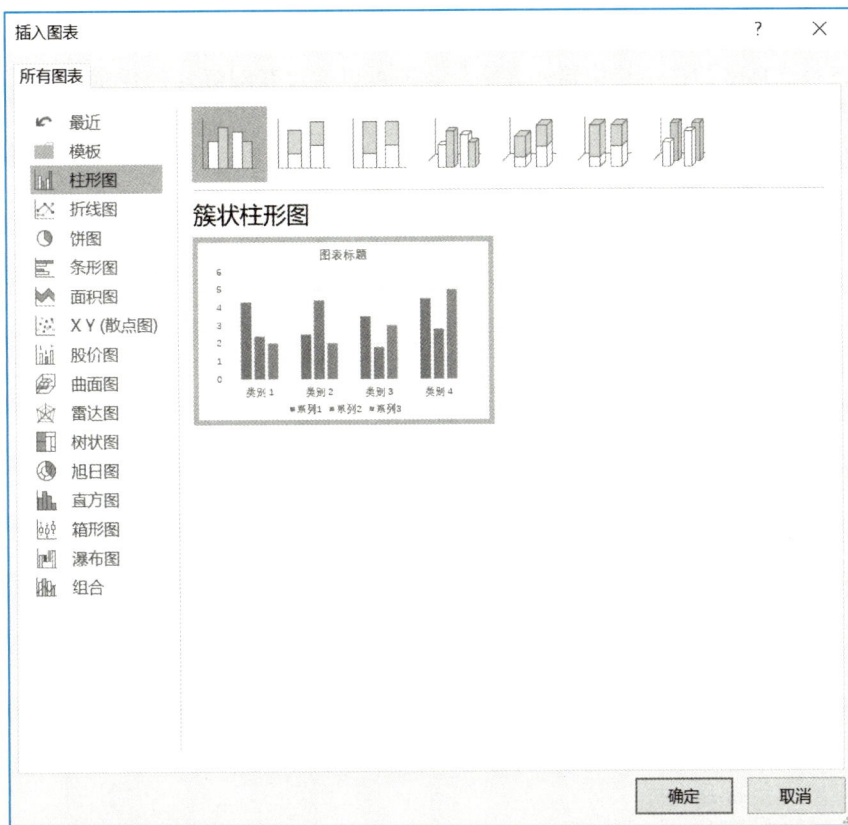

图 4-7 "插入图表"对话框

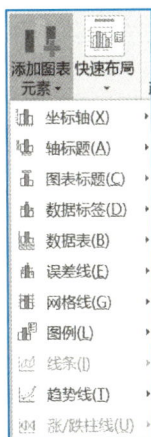

图 4-8 "图表布局"组

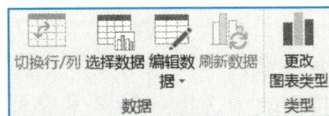

图 4-9 "数据"组和"类型"组

5. 文本

（1）文本框

除了在版式自带的占位符中输入文字外，还可以通过在幻灯片的任意位置插入文本框来输入文本。

在"插入"选项卡下，单击"文本"组中的"文本框"下拉按钮，在下拉列表中选择绘制横排文本框或竖排文本框。选择完成后，在幻灯片中拖动鼠标左键绘制文本框。绘制完成后，就可以在文本框中输入文字并设置格式。

（2）页眉和页脚

幻灯片中的页眉和页脚主要包含的内容有日期和时间、幻灯片编号和页脚。在"插入"选项卡下，单击"文本"组中的"页眉和页脚""日期和时间""幻灯片编号"按钮均可弹出"页眉和页脚"对话框，如图 4-10 所示。

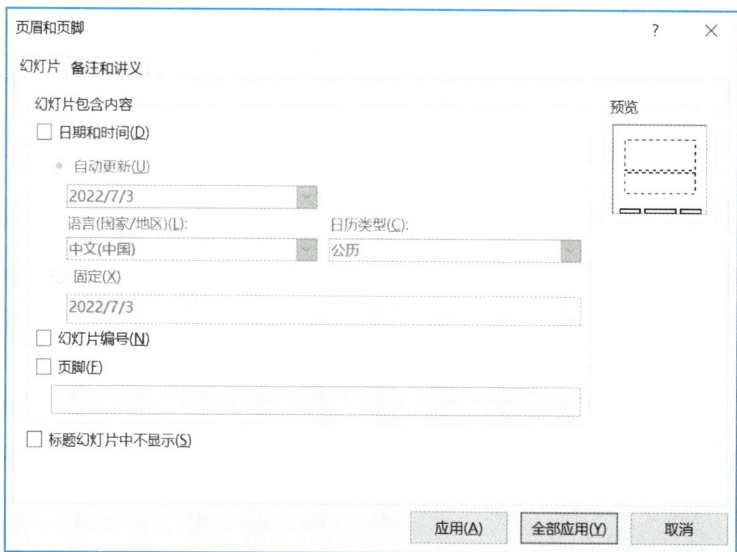

图 4-10 "页眉和页脚"对话框

在"页眉和页脚"对话框中选中"日期和时间"复选框，可以设置自动更新或固定的日期；选中"幻灯片编号"复选框，幻灯片内会显示对应的编号；选中"页脚"复选框，可以输入任意的页脚内容；选中"标题幻灯片中不显示"复选框后，以上设置的内容均不会在标题幻灯片中显示。

（3）艺术字

艺术字是具有特殊艺术效果的文本，在"插入"选项卡"文本"组中单击"艺术字"下拉按钮，在下拉列表中选择一种艺术字样式，就会在幻灯片内插入一个艺术字文本框，将需要的内容输入到艺术字文本框中即可。

艺术字输入完成后，还可以对其进行调整修改。选中艺术字，切换到"绘图工具｜格式"选项卡，在"艺术字样式"组中可以使用内置的艺术字样式。如果内置的效果不能满足需求，那么可以自行调整文本填充、文本轮廓和文本效果去更改艺术字的样式。

6. 媒体

在演示文稿中插入视频和音频等媒体文件，不仅可以使演示文稿更加生动和具有趣味性，还可以更好地展示内容。

在"插入"选项卡下，单击"媒体"组中的"视频"或"音频"下拉按钮插入视频或音频，可以插入计算机中的媒体，也可以直接利用 PowerPoint 进行录制，如图 4-11 所示。

插入音频后，选中幻灯片中的小喇叭形状，切换到"音频工具 | 播放"选项卡，在"音频选项"组中，可以设置音频在幻灯片中的播放方式。若选中"跨幻灯片播放"和"循环播放，直到停止"复选框，则声音将会在演示文稿放映过程中一直播放直至放映停止，如图 4-12 所示。若选中"放映时隐藏"复选框，则在放映幻灯片时小喇叭形状就会被隐藏。

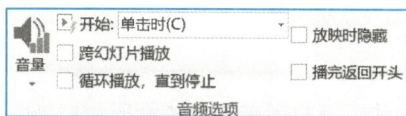

图 4-11 "媒体"组   图 4-12 "音频选项"组

插入音频后，还可以剪裁音频，只保留其中的某一段。在"编辑"组中单击"剪裁音频"，在弹出的对话框中通过拖动绿色起点标记和红色终点标记可以调整音频的起止位置，如图 4-13 所示。

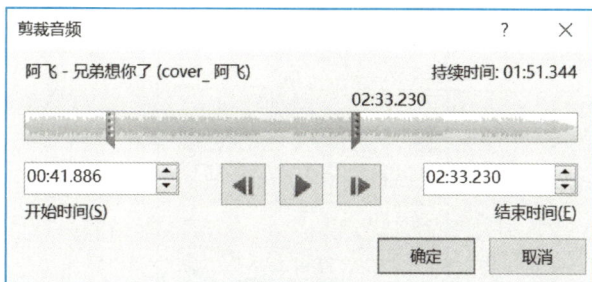

图 4-13 "剪裁音频"对话框

7. 超链接

超链接就是指在演示文稿中创建链接，以便能够快速跳转到指定的文件、网页或文档的其他位置。可以为幻灯片中的文本、图片、图形、形状等对象设置超链接。

选中需要设置超链接的对象后，可以在"插入"选项卡"链接"组中单击"超链接"按钮，在弹出的"插入超链接"对话框中选择要链接到的位置；或右击选择"超链接"命令，也可以打开"插入超链接"对话框，如图 4-14 所示。

超链接设置完成后，在放映时单击超链接即可实现跳转。若要删除超链接，就可以选中已设置超链接的对象，右击，在快捷菜单中选择"取消超链接"命令。

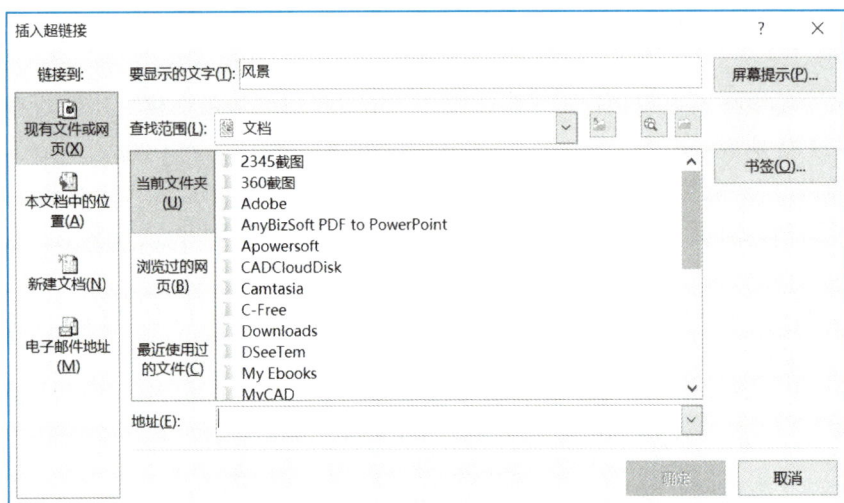

图 4-14 "插入超链接"对话框

8. 形状

利用"形状"下拉列表中的各种形状，可以在幻灯片中绘制出各种图形。在"插入"选项卡"插图"组中单击"形状"下拉按钮，在下拉列表中选择需要绘制的形状，如图 4-15 所示，可以拖动鼠标左键在幻灯片的任意位置进行绘制。绘制好形状后，可以在"绘图工具|格式"选项卡下对形状进行设置，设置完成后可以将多个形状组合成一个图形。

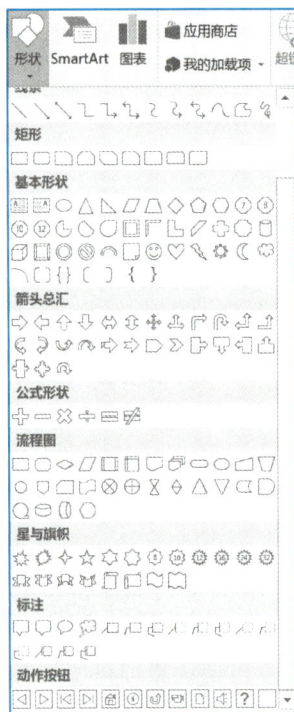

图 4-15 插入形状

其中有一组特殊的形状称为动作按钮。在幻灯片中绘制动作按钮后，会自动弹出"操作设置"对话框，在该对话框中可以设置单击鼠标或鼠标移动过该按钮形状时将要发生的操作，如图 4-16 所示。

图 4-16　"操作设置"对话框

4.1.4　SmartArt 图形

1. 插入 SmartArt 图形

SmartArt 图形是一种智能化的矢量图形，是已经组合好的文本框、形状和线条。利用 SmartArt 图形可以快速插入各种结构的流程图，也可以快速、轻松、有效地传达信息。

在"插入"选项卡"插图"组中单击"SmartArt"按钮，可以打开"选择 SmartArt 图形"对话框。SmartArt 图形主要分为列表、流程、循环、层次结构、关系、矩阵、棱锥图和图片几大类，如图 4-17 所示。将光标移动到某一 SmartArt 图形上，右下方就会显示该图形的具体名称。选择合适的 SmartArt 图形后，单击"确定"按钮即可将其插入到幻灯片中。也可以通过单击内容占位符中的"插入 SmartArt 图形"按钮打开"选择 SmartArt 图形"对话框。

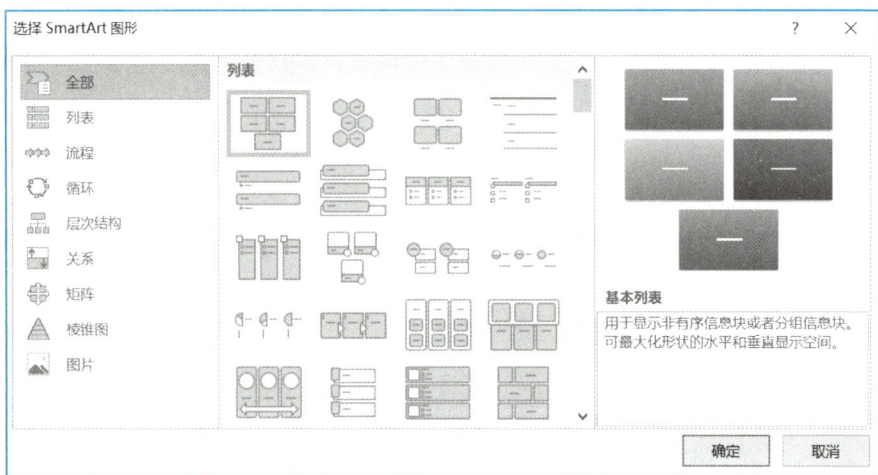

图 4-17 "选择 SmartArt 图形"对话框

SmartArt 图形插入完成后，可以直接在形状中输入文本。若 SmartArt 图形形状个数不够时，可以选中 SmartArt 图形中的某一形状，切换到"SmartArt 工具 | 设计"选项卡，单击"创建图形"组中的"添加形状"下拉按钮，在下拉列表中选择合适的位置添加形状，如图 4-18 所示。利用"创建图形"组中的其他命令还可以调整 SmartArt 图形的结构。

也可以单击 SmartArt 图形左侧的 ⟨ 按钮，打开"在此处键入文字"窗格，在窗格中输入文字，每按一次回车键就会在 SmartArt 图形中添加一个形状。

2. 文字转换为 SmartArt 图形

除了可以直接插入空白的 SmartArt 图形外，也可以先在幻灯片中输入文字，在"开始"选项卡"段落"组中利用"提高列表级别"和"降低列表级别"按钮，调整好文本的级别。然后选中文字，单击"段落"组中的"转换为 SmartArt"下拉按钮，在下拉列表中选择一种合适的 SmartArt 图形，如图 4-19 所示。也可以右击，选择"转换为 SmartArt"，再选择一种合适的 SmartArt 图形。

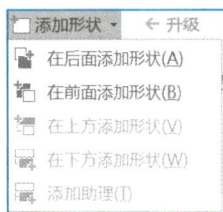

图 4-18　添加形状

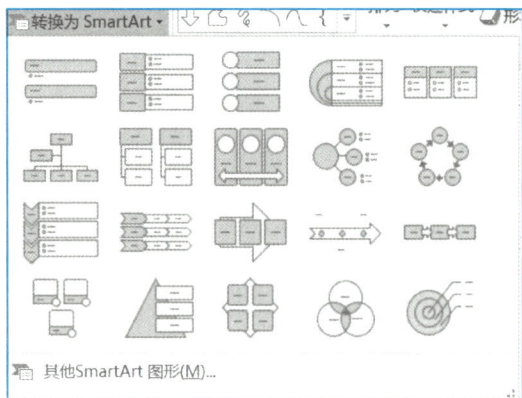

图 4-19　文字转换为 SmartArt 图形

3. 设置 SmartArt 图形

SmartArt 图形插入或转换完成后，选中 SmartArt 图形，切换到"SmartArt 工具|设计"和"SmartArt 工具|格式"选项卡，在这两个选项卡中可以对 SmartArt 图形的样式、颜色、大小等进行相应的设置。

4.1.5 设计幻灯片

1. 主题

主题是包含主题颜色、主题字体、主题效果的一组格式。为演示文稿应用主题可以统一整个演示文稿的风格，增强演示文稿的感染力。

在"设计"选项卡"主题"组中，单击任意一种主题就可以为整个幻灯片应用该主题。如果演示文稿中进行了分节，就可以选中某一节，单击任意一种主题仅为这一节应用该主题。如果选中了某几张幻灯片（至少选中两张），单击任意一种主题就可以为这几张幻灯片应用该主题。

PowerPoint 中内置了大量的主题供用户选择，如果内置的主题不能满足需要，也可以从外部导入主题或自定义主题。单击"主题"组中的"其他"按钮，在下拉列表中选择"浏览主题"命令，如图 4-20 所示，在弹出的"选择主题或主题文档"对话框中找到需要导入的主题，单击"打开"按钮，即可为演示文稿应用从外部导入的主题。

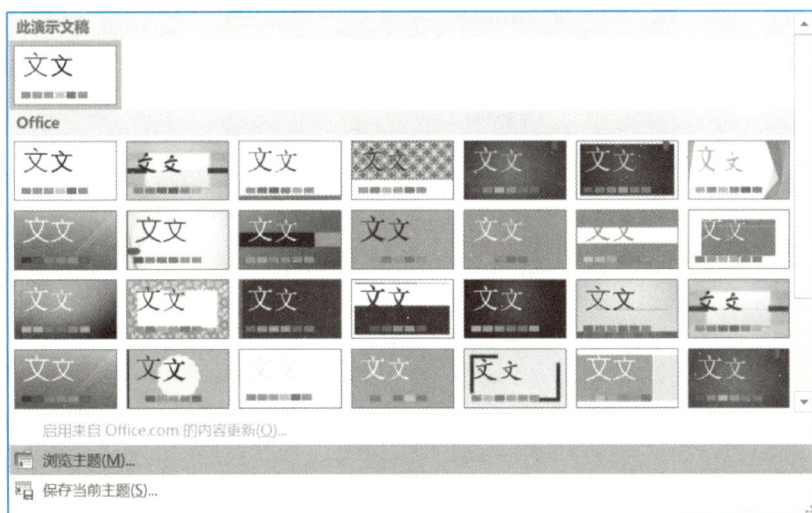

图 4-20　通过"浏览主题"命令导入外部主题

为演示文稿应用内置主题后，若觉得当前主题不能满足需要，这时可以单击"变体"组中的"其他"按钮，在下拉列表中对主题中的颜色、字体、效果、背景样式进行修改设置，如图 4-21 所示。

图 4-21　通过"变体"组修改主题

2. 设置背景格式

单击"设计"选项卡"自定义"组中的"设置背景格式"按钮，在右侧会出现"设置背景格式"窗格，如图 4-22 所示。或选中该张幻灯片右击，或直接在幻灯片中任意空白处右击，在快捷菜单中选择"设置背景格式"命令，也可以打开"设置背景格式"窗格。幻灯片中的背景填充主要分为纯色填充、渐变填充、图片或纹理填充、图案填充这几种形式。选择不同的填充方式后，都可以进行更多的格式设置。

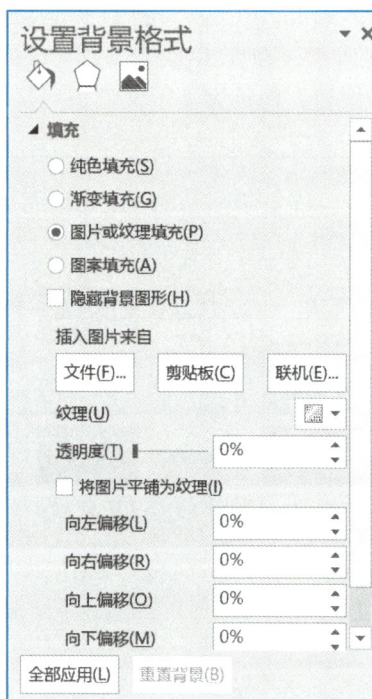

图 4-22　"设置背景格式"窗格

填充效果设置完成后，还可以根据需求对效果和图片进行设置。

3. 幻灯片大小

在演示文稿中，还可以修改幻灯片的大小。单击"设计"选项卡"自定义"组中的"幻灯片大小"按钮，在下拉列表中可以快速地选择幻灯片大小是标准（4∶3）还是宽屏

（16∶9），也可以选择"自定义幻灯片大小"命令进行更多设置，如图4-23所示。

选择"自定义幻灯片大小"命令后，在弹出的"幻灯片大小"对话框中可以对幻灯片大小、方向进行更多的设置。在插入页眉和页脚时，可以插入幻灯片编号，幻灯片编号起始值默认为1。若想编号不从1开始，就可以在"幻灯片大小"对话框中设置幻灯片编号起始值，如图4-24所示。

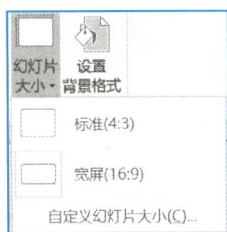

图4-23　设置幻灯片大小

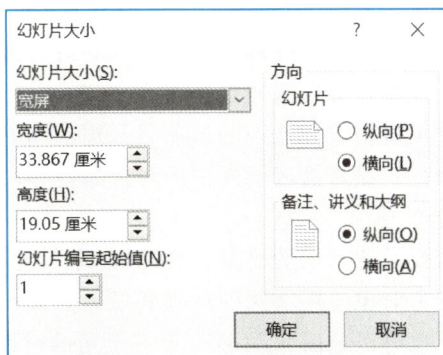

图4-24　"幻灯片大小"对话框

4.1.6　幻灯片的切换和动画效果

1. 切换方式

幻灯片的切换效果是指幻灯片在放映时进入和离开播放画面时的整体视觉效果。设置合适的切换效果可以使幻灯片的放映更加流畅、自然。

选中幻灯片后，在"切换"选项卡下选择"切换到此幻灯片"组中的任意一种切换方式，单击"效果选项"下拉按钮，就可以设置切换方式的效果选项，如图4-25所示。不同切换方式的效果选项是不同的。

图4-25　幻灯片切换效果

幻灯片切换除了可以设置效果选项外，还可以设置声音、持续时间和换片方式。在换片方式中，"设置自动换片时间"是指经过该时间段后自动切换到下一张幻灯片，如图4-26所示。设置完成后，可以通过单击左侧的"预览"按钮进行预览。

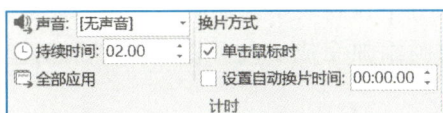

图4-26　设置幻灯片切换的声音和换片方式

若要为所有幻灯片都设置一样的切换效果，可以先设置好一张幻灯片的切换效果后，单击"计时"组中的"全部应用"按钮，即可将切换效果应用于所有的幻灯片。也可以在"幻灯片浏览"窗格中选中所有幻灯片，然后统一应用切换效果。

2. 动画效果

为演示文稿中的对象设置动画，能使幻灯片在放映过程中更加生动、引人注意。在 PowerPoint 中提供了多种动画效果，按类型分为 4 种，分别是进入、强调、退出、动作路径。

进入：设置对象从外部进入或出现幻灯片播放画面的方式。

强调：设置在播放画面中需要进行突出显示的对象。

退出：设置播放画面中的对象离开播放画面时的方式。

动作路径：设置播放画面中的对象路径移动的方式。

（1）设置动画

选中需要设置动画的对象，在"动画"选项卡下单击"动画"组中的任意一种动画效果，就能为对象应用上这种动画效果。大部分动画效果都可以在"效果选项"下拉列表中来设置。也可以单击"动画"组右下角的对话框启动器按钮，打开相应的效果设置对话框进行进一步的设置，如图 4-27 所示。

图 4-27　动画效果的进一步设置

若需要应用多种动画效果，则需要单击"高级动画"组中的"添加动画"下拉按钮，在下拉列表中添加需要应用的动画效果，如图 4-28 所示。动画添加完成后，可以单击"预览"按钮进行预览。

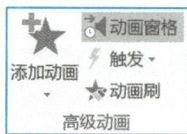

图 4-28　高级动画效果设置

（2）计时

当为某对象设置动画效果后，可以根据需要在"计时"组中为动画效果设置开始方式、持续时间、延迟时间，如图4-29所示。

图4-29　动画计时设置

开始方式分为三种："单击时""与上一动画同时""上一动画之后"。合理设置动画的开始方式、持续时间和延迟时间可以在放映时突出重点，吸引观众的注意力。

动画的播放顺序默认是按照设置动画的先后顺序进行播放的。若想要调整动画播放的顺序，可以在"计时"组中通过"向前移动"和"向后移动"命令调整。

（3）动画刷

动画效果设置完成后，可以通过单击"高级动画"组中的"动画刷"按钮，快速地把为某对象设置好的动画效果应用到另一个对象上，以避免重复设置，浪费时间。

（4）动画窗格

当为某一对象设置较多的动画时，可以通过单击"高级动画"组中的"动画窗格"按钮，打开动画窗格，在动画窗格中可以看到设置的所有动画，如图4-30所示。

在动画窗格中，可以选中动画后右击，对动画进行相应的设置，如图4-31所示。也可以在动画窗格中调整动画的先后顺序，播放预览动画。

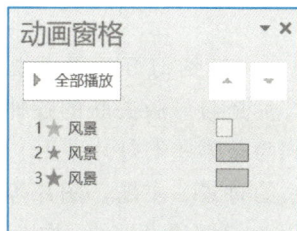

图4-30　动画窗格

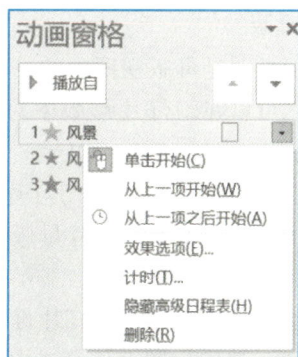

图4-31　动画设置

当某一动画对象包含多个分支时，在动画窗格中单击该动画效果的"展开"按钮，就可以针对不同的分支进行不同的设置。

4.1.7　视图

演示文稿中提供了多种视图模式，有普通视图、大纲视图、幻灯片浏览视图、备注页视图、阅读视图、母版视图等，如图4-32所示。合理使用多种视图模式，对创建出精美的演示文稿非常有帮助。

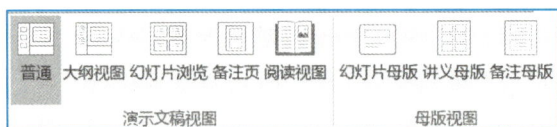

图 4-32　多种视图模式

普通视图：逐张幻灯片编辑演示文稿，并使用普通视图导航缩略图。

大纲视图：编辑幻灯片时，可在大纲窗格中在幻灯片之间跳转。将大纲从 Word 粘贴到大纲窗格，就可以轻松地创建整个演示文稿。

幻灯片浏览视图：查看演示文稿中所有幻灯片的缩略图，以轻松地重新排列幻灯片。

母版视图：是存储有关演示文稿共有信息的主要幻灯片，使用母版视图的主要优点是可以对演示文稿进行全局更改。母版视图包含幻灯片母版、讲义母版、备注母版。

1. 大纲视图

大纲视图在考试中常常被应用于快速拆分幻灯片。在"视图"选项卡下单击"演示文稿视图"组中的"大纲视图"按钮，切换到大纲视图。将光标定位到左侧窗格中需要拆分幻灯片的位置，按 Enter 键产生一个空行。将光标定位到空行中，切换到"开始"选项卡，单击"段落"组中的"降低列表级别"按钮，就可以将幻灯片拆分为两张幻灯片。

2. 幻灯片母版

幻灯片母版视图是母版视图中的一种，幻灯片母版中包含了幻灯片中统一的格式及共同出现的内容。可以在幻灯片母版中对出现在每一张幻灯片中的格式或对象进行统一的设计。

在"视图"选项卡下单击"幻灯片母版"按钮，切换到幻灯片母版视图，在左侧的窗格中，第一张幻灯片就是幻灯片母版，下方的幻灯片是与母版关联的各种版式。将光标移动到每张幻灯片上，右下角都会显示幻灯片的版式与被哪些幻灯片使用。

选中幻灯片母版，可以在幻灯片母版中设置统一的背景、主题、图片等，如设置幻灯片中的 logo 图片。选中标题占位符或内容占位符可以为幻灯片设置统一的字体、字号、颜色等。

当母版中的版式不能满足需求时，在"幻灯片母版"选项卡下单击"编辑母版"组中的"插入版式"按钮，即可在当前母版下插入一张新的版式，如图 4-33 所示。单击"编辑母版"组中的"重命名"按钮，或选中该版式后右击选择"重命名版式"命令，均可对新插入的版式重新命名。利用"母版版式"组中的"插入占位符"命令可以在幻灯片中的任意位置插入不同的占位符，如图 4-34 所示。

演示文稿中至少包含一个幻灯片母版，若需要多个母版，可以在"幻灯片母版"选项卡下单击"编辑母版"组中的"插入幻灯片母版"按钮，即可新建一组母版。

母版设置完成后，单击"关闭母版视图"按钮，返回到普通视图。

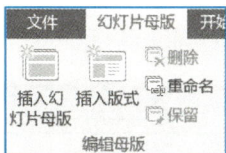

图 4-33　插入幻灯片母版　　　　　　图 4-34　插入占位符

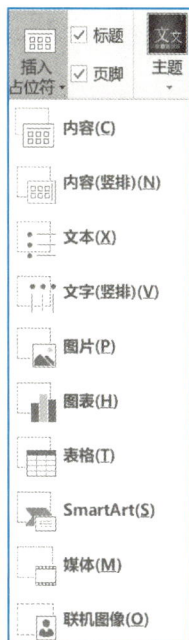

4.1.8　幻灯片放映

演示文稿制作完成后需要对观众进行放映演示，在幻灯片放映时，可以看到动画效果、切换效果、计时、视频、音频等实际效果。

在"幻灯片放映"选项卡"开始放映幻灯片"组中，可以选择幻灯片从头开始播放或者从当前幻灯片开始播放。

除了单击"从头开始""从当前幻灯片开始"按钮外，还可以单击"视图按钮"区的"幻灯片放映"图标，或按 F5 键快速进入幻灯片放映视图。

放映结束后，可以右击选择"结束放映"命令，或按 Esc 键快速退出放映视图。

1. 设置幻灯片放映

除了直接放映幻灯片外，还可以对幻灯片放映进行设置。在"幻灯片放映"选项卡"设置"组中，可以进行设置放映方式、隐藏幻灯片、应用排练计时等操作。

单击"设置幻灯片放映"按钮，在弹出的"设置放映方式"对话框中，可以设置放映类型、放映选项、放映幻灯片的范围、换片方式，如图 4-35 所示。

在"放映类型"组中有以下几种放映类型。

（1）演讲者放映（全屏幕）：全屏幕放映，放映过程由演讲者控制。

（2）观众自行浏览（窗口）：允许观众利用窗口命令控制放映进程。

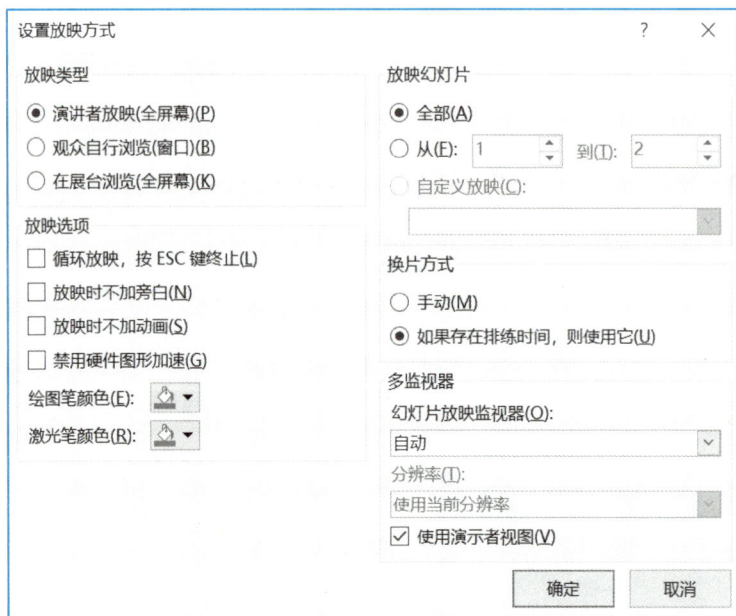

图 4-35　设置幻灯片放映方式

（3）在展台浏览（全屏幕）：全屏幕放映，可手动播放，也可采用事先排练好的演示时间自动循环播放。

在"放映幻灯片"组中可以选择放映全部幻灯片，也可以放映部分幻灯片。

在"放映选项"组中，可以设置放映过程中的某些选项。

在"换片方式"组中，可以设置换片方式是"手动"或"如果存在排练时间，则使用它"。通常使用"手动"换片方式，若是选择"在展台浏览（全屏幕）"方式自动播放幻灯片，则使用"如果存在排练时间，则使用它"换片方式。

2. 自定义幻灯片放映

当需要为不同的观众展示演示文稿中不同的内容时，可以通过"自定义幻灯片放映"命令创建不同的放映方案。

在"幻灯片放映"选项卡下，单击"开始放映幻灯片"组中的"自定义幻灯片放映"下拉按钮，选择"自定义放映"命令。在弹出的对话框中单击"新建"按钮，打开"定义自定义放映"对话框，可以设置幻灯片放映名称，选择添加需要放映的幻灯片，如图 4-36 所示。

设置完成后，可以单击"自定义幻灯片放映"下拉按钮，在下拉列表中选择需要放映的自定义放映方案。

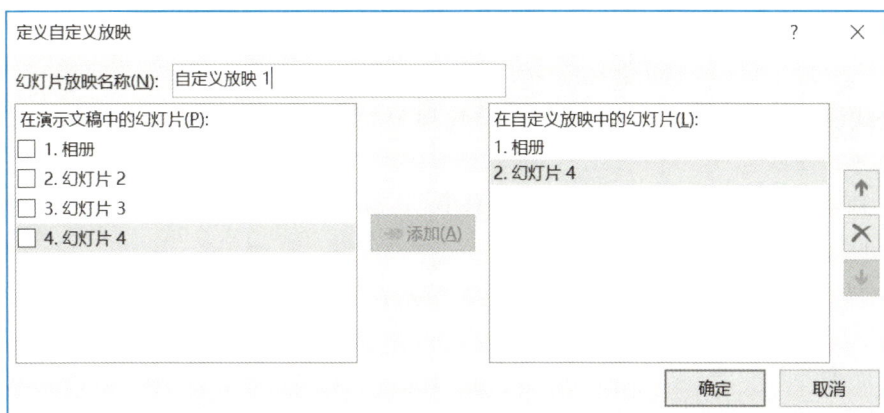

图 4-36 "定义自定义放映"对话框

4.2 实验目的

（1）学会利用向导建立演示文稿。
（2）掌握具有不同版式的演示文稿的创建和编辑方法。
（3）掌握母版、应用设计模板的使用方法。
（4）掌握幻灯片的动画技术。
（5）掌握设置幻灯片的超级链接和播放方式。

4.3 实验内容

4.3.1 创建自己的演示文稿

【实验要求】

（1）设置幻灯片的设计主题为"水滴"。演示文稿有 7 张幻灯片，将演示文稿存盘，命名为"我的成绩.ppt"。

（2）第一张幻灯片，主标题填写"成绩分析"，字体为"华文彩云"，60 磅、加粗；副标题填写"计算机科学与技术系"，字体为"隶书"，48 号。

（3）插入第二张幻灯片，标题填写"本学期学习的课程"，文本内容分别输入："高等数学""英语""大学计算机基础""大学物理"，每个课程名占一行。添加动画效果为"浮入"。在剪贴画中选择图片搜索"课程"，选择自己喜欢的图片插入，为图片添加"旋转"的动画效果。

（4）插入第三张幻灯片，标题为"高等数学"，插入如下公式：

$$\int \frac{\mathrm{d}x}{x^2+a^2} = \frac{1}{a}\arctan\frac{x}{a}+c \int \sqrt{x^2-a^2}\,\mathrm{d}x$$

为公式设置"形状填充"，效果选择"纹理""绿色大理石"填充效果。为公式添加动画效果为"缩放"。

（5）插入第四张幻灯片，标题输入"英语"，输入以下内容。

- Good morning
- Good evening
- Good night
- Hi，how are you?
- I am fine.
- Thank you，and you?

为标题添加动画效果为"形状"，为内容添加一种自己喜欢的动画效果。

（6）为第二张幻灯片中的"高等数学""英语"设置超链接，分别链接到第三张幻灯片、第四张幻灯片上。

（7）插入第五张幻灯片，标题填写"成绩表"。成绩单如表4-1所示。

表 4-1　成　绩　单

姓名	高等数学	英语	大学计算机基础	大学物理
张小强	67	62	80	79
刘明	69	76	83	86
王军	54	68	72	68
李亮	84	78	90	89

为表格添加底纹样式，选择"渐变填充"，在"预设颜色"中选择"中等渐变-个性色3"的效果。为标题"成绩表"添加一种动画效果"陀螺旋"，为表格添加动画效果"随机线条"。

（8）插入第六张幻灯片，标题填写"成绩图"。图表对应的成绩单如表4-1所示；要求在幻灯片中以"三维簇状柱形图"方式显示上述成绩表。修改图表"绘图区"格式，选择图案填充中"20%"效果应用于图表；并设置图表的动画方式为"弹跳"。设置本张幻灯片的切换效果为"风"。

（9）利用母版为每张幻灯片添加"前一项◁""下一项▷"按钮（不包括标题幻灯片）。并修改按钮的背景填充图案为"粉色面巾纸"。

（10）插入最后一张幻灯片，在幻灯片中插入艺术字"谢谢观赏！"，艺术字"文本填充"样式选择"其他颜色填充"，"颜色自定义"颜色模式为RGB，红色206，绿色50，蓝色184，字体"华文彩云"，54号，添加动画方式为"弹跳"。在右下角添加动作按钮"链接到第一张"，使得单击按钮后回到第一张幻灯片。

（11）为演示文稿中的每一页添加日期，日期设置可以自动更新、页脚和幻灯片编号，页脚为"我的课程"，标题幻灯片不显示。

（12）为第一张幻灯片标题添加一种动画效果"轮子"，为第二张幻灯片标题添加一种自定义动画效果。

（13）为演示文稿的幻灯片设置自己喜欢的切换效果。

【实验步骤】

（1）创建演示文稿

① 启动 PowerPoint 2016，单击"空白演示文稿"，自动创建演示文稿 1。

② 单击"文件"菜单→"保存"命令，将"演示文稿 1"保存，名字为"我的成绩.pptx"。

③ 单击"设计"选项卡→"主题"组→"水滴"，应用"水滴"设计主题。

（2）第一张幻灯片的制作

① 在主标题内容中输入"成绩分析"。

② 设置字体为"华文彩云"，60 磅、加粗。

③ 副标题内容输入"计算机科学与技术系"，字体为"隶书"，48 号。

（3）第二张幻灯片的制作

① 选中第一张幻灯片，直接按回车键，或右击，选择"新建幻灯片"命令，插入第二张幻灯片（默认版式为"标题和内容"）。

② 标题处输入"本学期学习的课程"。

③ 内容处分行输入"高等数学""英语""大学计算机基础""大学物理"文本。

④ 选中内容中的所有文本，单击"动画"选项卡，选择"浮入"，为文字添加"浮入"的动画效果。

⑤ 单击内容中的图片，插入图片。

（4）第三张幻灯片的制作。

① 右击第二张幻灯片，选择"新建幻灯片"命令，插入第三张幻灯片。

② 输入标题内容为"高等数学课程"。

③ 在"插入"选项卡→"符号"组→"公式"中，利用公式编辑器输入公式。

$$\int \frac{\mathrm{d}x}{x^2+a^2} = \frac{1}{a}\arctan \frac{x}{a} + c \int \sqrt{x^2-a^2}\,\mathrm{d}x$$

④ 选中公式，在"绘图工具|格式"选项卡"形状样式"组中设置"形状填充"，效果选择"纹理""绿色大理石"填充效果，为公式添加动画效果为"缩放"。

（5）插入第四张幻灯片

内容按要求输入。为标题添加动画效果为"形状"，为内容添加一种自己喜欢的动画效果。

（6）超链接的设置

① 分别选中第二张幻灯片中的"高等数学""英语"标题。

② 右击，选择"超链接"命令，打开"插入超链接"对话框，如图 4-37 所示。

③ 选择"本文档中的位置"，分别选择"第三张幻灯片""第四张幻灯片"。

④ 单击"确定"按钮返回。

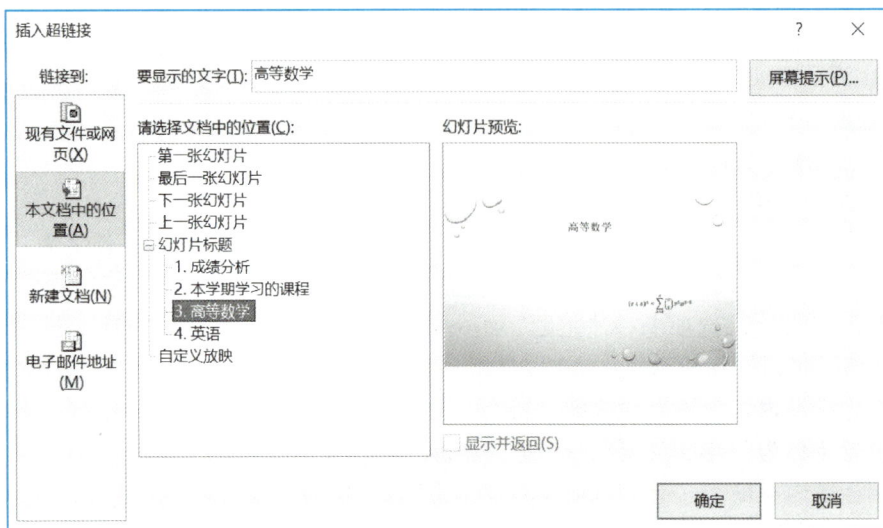

图 4-37 "插入超链接"对话框

（7）第五张幻灯片的制作

① 选择第四张幻灯片，右击，在弹出的快捷菜单中选择"新建幻灯片"命令，插入第五张幻灯片，标题填写"成绩表"。

② 双击表格处，添加一个"5 行 5 列"的表格。

③ 输入要求的表格内容。

④ 为表格添加底纹样式，选择"渐变填充"，在"预设颜色"中选择"中等渐变-个性色 3"的效果，为表格添加动画效果"随机线条"。

⑤ 选中标题"成绩表"，选择"动画"选项卡→"动画"组→"陀螺旋"动画效果。

（8）第六张幻灯片的制作

① 选择第五张幻灯片，右击，在弹出的快捷菜单中选择"新建幻灯片"命令，标题填写"成绩图"。

② 在显示的表格中，将原表格数据删除，用已知的成绩表替换。

③ 关闭数据表格。

④ 双击图表"绘图区"，修改"绘图区"格式，选择"20%"图案填充；选中"图表"，添加动画效果为"弹跳"。

⑤ 在"切换"选项卡中设置本张幻灯片的切换效果为"风"。

（9）母版的设定与应用

① 选择第六张幻灯片，在菜单栏上选择"视图"→"幻灯片母版"，打开母版版式。

② 选择"插入"选项卡→"插图"组→"形状"下拉按钮→"动作按钮"，在母版

版式的右下角处分别添加"前一项◁""下一项▷"两个动作按钮。

③ 选中动作按钮，选择"绘图工具|格式"选项卡→"形状样式"组→"形状填充"下拉按钮→"纹理"，设置按钮的背景填充图案为"粉色面巾纸"。

④ 完成操作后，单击"幻灯片母版"选项卡→"关闭"组→"关闭母版视图"。

（10）艺术字的插入

① 选择第六张幻灯片，右击，选择"新建幻灯片"命令。

② 单击"插入"选项卡→"文本"组→"艺术字"，在"编辑艺术文字"对话框内输入"谢谢观赏！"，设置字体为"华文彩云"、字号为54。

③ 选择文本"谢谢观赏！"，在"绘图工具|格式"选项卡"艺术字样式"组中选择"文本填充"样式为"其他填充颜色"，在自定义颜色中设置颜色模式为RGB，红色206，绿色50，蓝色184。

④ 选中艺术字周围的边框，单击"动画"，选择"弹跳"动画效果。

⑤ 选择"插入"选项卡→"插图"组→"形状"，选择"第一张"动作按钮，插入到本张幻灯片中。

（11）页脚的添加

① 单击"插入"选项卡→"文本"组→"页眉和页脚"，在弹出的对话框中选中"日期和时间"复选框，选择"自动更新"，页脚处输入"我的课程"，选中"幻灯片编号"和"标题幻灯片中不显示"复选框。

② 单击"全部应用"。

（12）添加动画效果

① 选中第一张幻灯片的标题，选择"动画"效果为"轮子"。

② 选中第二张幻灯片的标题文字，选择"动画"效果为"形状"。

（13）设置幻灯片切换方式

选择"切换"选项卡，为不同的幻灯片设置不同的切换效果。

4.3.2 使用 Smart 图形

【实验要求】

（1）设置新建的演示文稿幻灯片的设计主题为"环保"。演示文稿有4张幻灯片，将演示文稿保存，名称为"SmartArt应用.pptx"。

（2）第一张幻灯片，主标题填写"SmartArt应用"，字体为"隶书"，60磅、加粗；副标题填写"计算机科学与技术系"，字体为"黑体"，28号。

（3）插入第二张幻灯片，标题填写"计算机系统"，插入SmartArt的层次结构图，如图4-38所示，为图形添加"旋转"的动画效果。

（4）插入第三张幻灯片，标题为"计算机网络"，插入SmartArt的循环关系图，如图4-39所示，为图形添加"浮入"的动画效果。

（5）插入第四张幻灯片，标题输入"水循环"，插入SmartArt的基本循环图，在格式设计中选择喜欢的颜色进行更改，如图4-40所示。

计算机系统

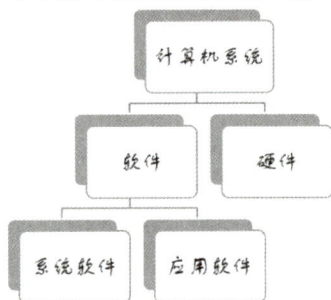

图 4-38　SmartArt "层次结构" 图形

计算机网络

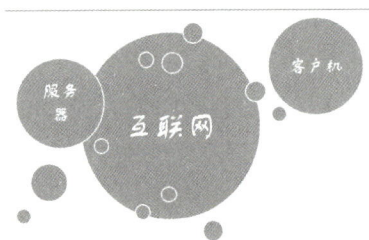

图 4-39　SmartArt "关系" 图形

水循环

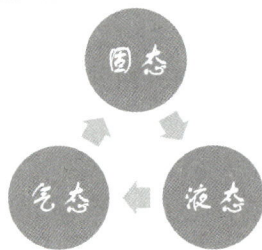

图 4-40　SmartArt "循环" 图形

【实验步骤】

（1）创建演示文稿

① 启动 PowerPoint 2016 应用程序，新建空白演示文稿。

② 将演示文稿保存，名称为 "SmartArt 应用.pptx"。

③ 单击 "设计" 选项卡→ "主题" 组→ "环保" 主题，应用 "环保" 设计主题。

（2）第一张幻灯片的制作

① 在主标题内容中输入 "SmartArt 应用"。

② 设置字体为 "隶书"，60 磅、加粗。

③ 副标题内容输入 "计算机科学与技术系"，字体为 "黑体"，28 号。

（3）第二张幻灯片的制作

① 选择第一张幻灯片，右击，在弹出的快捷菜单中选择 "新建幻灯片" 命令，插入第二张幻灯片。

② 标题处输入 "计算机系统"。

③ 单击"插入"选项卡→"插图"组→SmartArt→"层次结构",选择"层次结构",输入文字,如图4-38所示,为图形添加"旋转"的动画效果。

（4）第三张幻灯片的制作

① 选择第二张幻灯片,按回车键,插入第三张幻灯片。

② 输入标题内容为"计算机网络"。

③ 单击"插入"选项卡→"插图"组→SmartArt→"关系",选择"循环关系",输入文字,如图4-39所示,为图形添加"浮入"的动画效果。

（5）第四张幻灯片的制作

① 选择第三张幻灯片,按回车键,插入第四张幻灯片。

② 输入标题内容为"水循环"。

③ 单击"插入"选项卡→"插图"组→SmartArt→"循环",选择"基本循环",输入文字,如图4-40所示,在格式设计中选择喜欢的颜色进行更改。

▶ 4.3.3　综合应用——介绍关于水的知识

【实验要求】

（1）将"PPT素材.pptx"文件另存为"水的知识.pptx"。

（2）按如下要求修改该幻灯片母版。

① 为演示文稿应用素材文件夹下名为"绿色.thmx"的主题。

② 设置幻灯片母版标题占位符的文本格式:将文本对齐方式设置为"左对齐",中文字体设置为"方正姚体",西文字体为"Arial",并为其设置"填充-白色,投影"的艺术字样式。

③ 设置幻灯片母版内容占位符的文本格式:将第一级(最上层)项目符号列表的中文字体设置为华文细黑,西文字体设置为Arial,字号为28,并将该级别的项目符号修改为"水滴.jpg"素材图片。

（3）关闭母版视图,调整第一张幻灯片中的文本,将其分别置于标题和副标题占位符中。

（4）在第二张幻灯片中插入布局为"带形箭头"的SmartArt图形,素材图片"意大利面.jpg"设置为带形箭头形状的背景,该图片透明度调整为"15%",在左侧和右侧形状中分别填入第三张和第八张幻灯片中的文字内容,并使用适当的字体颜色。

（5）将第三张和第八张幻灯片的版式修改为"节标题",并将标题文本的填充颜色修改为绿色。

（6）将第五张和第十张幻灯片的版式修改为"两栏内容",并分别在右侧栏中插入素材图片"冰箱中的食品.jpg"和"揉面.jpg"。为图片"冰箱中的食品.jpg"应用"圆形对角,白色"的图片样式;为图片"揉面.jpg"应用"旋转,白色"的图片样式,并将该图片的旋转角度调整为"6°"。

（7）按如下要求在第六张幻灯片中创建一个散点图图表。

① 图表数据源为该幻灯片中的表格数据,X轴数据来自"含水量%"列,Y轴数据来

自"水活度"列。

② 设置图表水平轴和垂直轴的刻度单位、刻度线、数据标记的类型和网格线。

③ 设置每个数据点的数据标签。

④ 不显示图表标题和图例，横坐标轴标题为"含水量%"，纵坐标轴标题为"水活度"。

⑤ 为图表添加"淡出"的进入动画效果，要求坐标轴无动画效果，单击鼠标时各数据点从右向左依次出现。

（8）按表 4-2 要求为幻灯片分节。

表 4-2　幻灯片分节要求

节名称	节包含的幻灯片
封面和目录	第一张和第二张幻灯片
食物中的"活"水	第三~七张幻灯片
氢键的魔力	第八~十张幻灯片

（9）设置所有幻灯片的自动换片时间为 10 秒；除第一张幻灯片无切换效果外，其他幻灯片的切换方式均设置为自右侧"推进"效果。

（10）设置演示文稿使用黑白模式打印时，第五张和第十张幻灯片中的图片不会被打印。

（11）利用演示文稿的检查辅助功能，为缺少可选文字的对象添加适当的可选文字。

（12）删除所有演示文稿备注内容。

（13）为演示文稿添加幻灯片编号，要求首页幻灯片不显示编号，第二~十张幻灯片编号依次为 1~9，且编号显示在幻灯片底部正中。

【实验步骤】

（1）打开"PPT 素材.pptx"文件，然后将其另存为"水的知识.pptx"。

（2）修改幻灯片母版。

① 选择"设计"选项卡，单击"主题设置"按钮，选择"浏览主题"，找到文件"绿色.thmx"，单击"应用"按钮。

② 选择"视图"选项卡中的"幻灯片母版"，选中第一张幻灯片母版的标题文本框。在"开始"选项卡中单击"左对齐"，单击"字体设置"按钮，西文字体设置为"Arial"，中文字体设置为"方正姚体"。

③ 选择"绘图工具|格式"选项卡"艺术字样式"组中的"填充-白色，投影"。

④ 选中标题 1 中的第一级，在"开始"选项卡中单击"字体设置"按钮，中文字体设置为"华文细黑"，西文字体设置为"Arial"，字体大小设为 28。

⑤ 在"开始"选项卡"段落"组中单击"项目符号"按钮，选择"项目符号和编号"，在打开的对话框中单击"图片"按钮，在打开的对话框中选择"导入"，找到素材

图片"水滴.jpg",单击"应用"按钮,效果如图4-41所示。

图4-41　设置图片项目符号效果

（3）设置第一张幻灯片的标题和副标题。

① 选择"视图"选项卡中的"关闭幻灯片母版"。

② 在第一张幻灯片中选中"吃喝的科学",将其拖动到下方的副标题中,效果如图4-42所示。

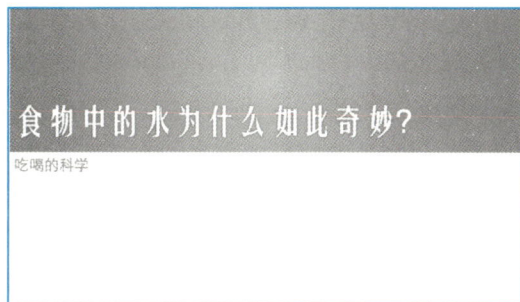

图4-42　水的知识——第一张幻灯片效果

（4）在第二张幻灯片中插入SmartArt图形。

① 单击"插入"选项卡"插图"组中的"SmartArt",在打开的对话框中选择"流程"中的"带形箭头",单击"确定"按钮。

② 选择"SmartArt图形",右击选择"设置形状格式"命令,选择"图片或纹理填充",单击"文件",找到素材图片"意大利面.jpg",单击"插入"按钮,调整透明度为15%。

③ 复制第三张幻灯片的标题内容,在箭头的左侧文本中右击,在弹出的快捷菜单的"粘贴选项:"中,选择"只保留文本"。复制第八张幻灯片的标题内容,在箭头的左侧文本中右击,在弹出的快捷菜单的"粘贴选项:"中选择"只保留文本"。

④ 选中箭头内的文本,在"开始"选项卡中将字体颜色设置为黑色。效果如图4-43所示。

图 4-43　水的知识——第二张幻灯片效果

（5）版式修改。

① 选中第三张幻灯片，在"开始"选项卡"版式"中选择节标题版式。

② 选中右侧文本框，选择"绘图工具|格式"选项卡，单击"文本填充"，选择"标准绿色"。对第八张幻灯片进行同样操作，效果如图 4-44 所示。

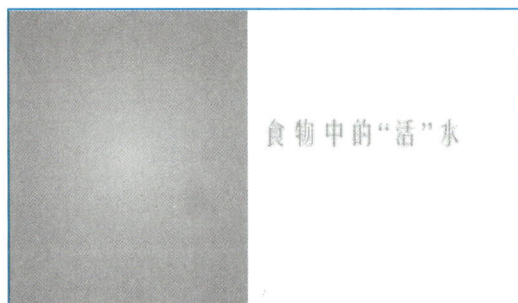

图 4-44　水的知识——第三张幻灯片效果

③ 选中第五张幻灯片，在"开始"选项卡"版式"中选择"两栏内容"。在右侧文本框中单击"插入图片"，选择图片素材"冰箱中的食物.jpg"，单击"插入"按钮。选中图片，在"图片工具|格式"选项卡中设置"图片样式"为"圆形对角，白色"，效果如图 4-45 所示。

图 4-45　水的知识——第五张幻灯片效果

④ 选中第十张幻灯片，在"开始"选项卡"版式"中选择"两栏内容"。在右侧文本框中单击"插入图片"，选择图片素材"揉面.jpg"，单击"插入"按钮。选中图片，在"图片工具|格式"选项卡中设置"图片样式"为"旋转，白色"。然后单击"排列"组中的"旋转"下拉按钮，选择"其他旋转选项"，选择"大小"，将"旋转"调整为"6°"。效果如图4-46所示。

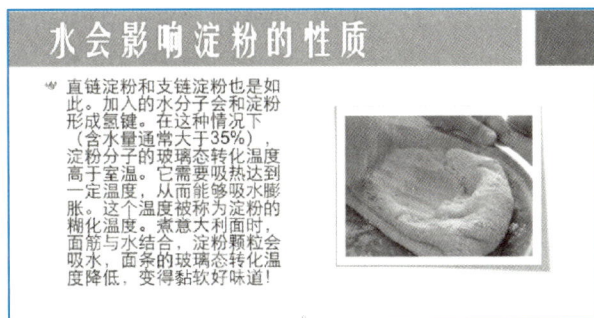

图4-46　水的知识——第十张幻灯片效果

（6）插入图表。

① 选中第六张幻灯片，按回车键，即插入一张新的幻灯片。在新幻灯片中选择"插入"选项卡"插图"组中的"图表"，选择"散点图"。回到第六张幻灯片中，复制表格中相关的文本，在散点图对应的表格中右击选择"匹配目标格式粘贴"命令。调整蓝框线，使所有数据刚好在蓝框线内。

② 选中坐标轴标签，右击选择"设置坐标轴格式"命令，最大值调整为"固定1.0"，主要刻度单位调整为"固定0.2"，主要刻度线选择"无"。选中下方坐标轴，右击选择"设置坐标轴格式"命令，主要刻度线选择"无"。选中数据标签，右击选择"设置数据系列格式"命令，选择"数据标记选项"，单击"内置"，类型为"圆形"，适当放大一下大小。

③ 选择"图表工具|布局"选项卡，单击"网格线"，选择"主要纵网格线中的主要网格线"。

④ 选中"数据标签"，选择"图表工具|布局"选项卡，单击"数据标签"，选择"其他数据标签格式"，选中"系列名称""去掉Y值"。

⑤ 选中图表标题，右击选择"删除"命令。选中图例，右击选择"删除"命令。

⑥ 选择"图表工具|布局"选项卡，单击"坐标轴标题"，单击"主要横坐标轴标题"，选择"坐标轴下方标题"，将标题内容改为"含水量%"。单击"主要纵坐标轴标题"，选择"坐标轴竖排标题"，将标题内容改为"水活度"。效果如图4-47所示。

⑦ 选中图表，选择"动画"选项卡，选择"淡出动画"。效果选项为"按类别"。单击"动画窗格"，单击"展开动画窗格"，选中"内容占位符：背景"，按Delete键删除。

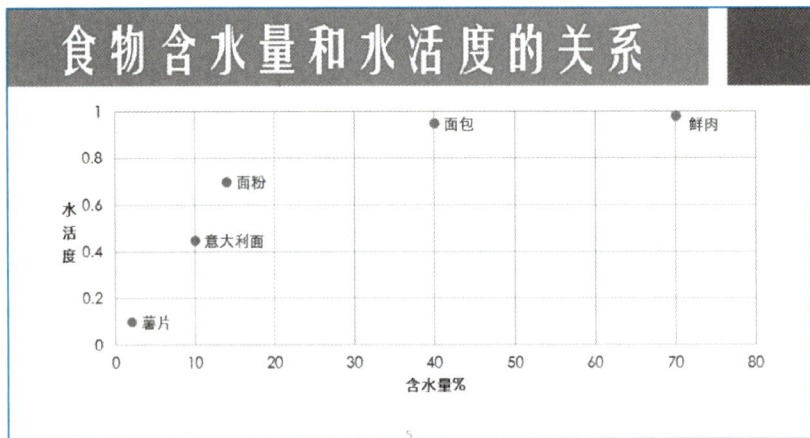

图 4-47　水的知识——第六张幻灯片效果

⑧ 选中第 2、3、4、5 个动画效果，在"计时"组中将"开始"方式修改为"上一动画之后"。

（7）新增节。

在第一张幻灯片上右击，选择"新增节"命令。选中"节标题"，右击选择"重命名节"命令，重命名为"封面和目录"。按照题目要求，进行相同操作为幻灯片分节，如图 4-48 所示。

（8）设置切换效果。

① 单击第一张幻灯片，按住 Shift 键单击最后一张幻灯片（即选中所有幻灯片）。选择"切换"选项卡，设置自动换片时间为 10 秒。

② 单击第二张幻灯片，按住 Shift 键单击最后一张幻灯片。选择"切换"选项卡，选择"推进"。效果选项设置为"自右侧"。

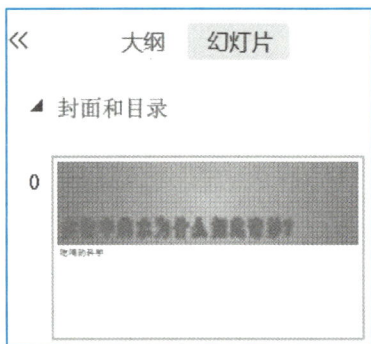

图 4-48　新增节"封面和目录"

（9）设置演示文稿使用黑白模式打印。

选择"视图"选项卡中的"黑白模式"，然后选择"文件"→"打印"，在幻灯片中输入"1-4，6-9"。单击"黑白模式"，单击"返回颜色视图"。

（10）设置检查辅助功能。

选择"文件"→"检查问题"，单击"检查辅助功能"。在检查结果中从最后一个开始，选中了图片，右击选择"设置图片格式"。单击"可选文字"，标题设为"揉面"，说明中为"揉面"。依次进行同样的操作，直到右侧检查结果为空。

（11）删除备注内容。

选择"文件"→"信息"，单击"检查问题"，选择"检查文档"，单击"是"，只选中"演示文稿备注"，其他都取消，单击"全部删除"，单击"关闭"。

（12）添加幻灯片编号。

①选择"插入"选项卡中的"幻灯片编号"，选中"幻灯片编号和标题幻灯片中不显示"，单击"全部应用"按钮。

②选择"设计"选项卡中的"页面设置"，将幻灯片编号起始值调整为0。

③选择"视图"选项卡中的"幻灯片母版"，放到第一张母版中，选中编号所在的文本框，在"绘图工具|格式"选项卡中单击"对齐"，选择"左右居中"。然后在"开始"选项卡中单击"居中"。完成后在"视图"选项卡中单击"关闭幻灯片母版"。

▶▶ 4.4 实验作业

1. 创建演示文稿"梅丽莎病毒"

（1）新建一个空白演示文稿，设置一个自己喜欢的设计主题。第一张幻灯片版式为"标题幻灯片"，主标题填写"梅丽莎病毒"，副标题填写"作者：Jonathan"。主标题设置为"挥鞭式"动画效果；副标题设置为"放大/缩小"动画效果。

（2）插入自己喜欢的一幅图片，设置图片的动画效果为"劈裂"，如图 4-49（a）所示。

（3）插入第二张幻灯片，版式为"标题和内容幻灯片"，标题填写"梅丽莎病毒名字的由来"，文本内容为"1998 年春天，大卫·L·史密斯运用 Word 软件里的宏运算编写了一个电脑病毒，这种病毒可以通过邮件进行传播。史密斯把它命名为梅丽莎（Melissa），佛罗里达州的一位舞女的名字"。字号设为 24 号，楷体。标题文本的动画方式为"形状"。右侧插入如样张所示的图片，并将图片缩放为 150%，将图片的动画方式设置为"跷跷板"，如图 4-49（b）所示。

（4）第三张幻灯片，版式为"两栏内容"，标题填写"梅丽莎病毒传播的方法"，文本内容左栏为："梅丽莎病毒一般通过邮件传播，邮件的标题通常为'这是给你的资料，不要让任何人看见'"；右栏为"一旦收件人打开邮件，病毒就会自动向用户通讯录的前 50 位好友复制发送同样的邮件"。设置文本中的字体为"倾斜"，如图 4-49（c）所示。

（5）第四张幻灯片，版式为"空白"，插入艺术字"谢谢观赏！"，字体为隶书、66号；设置艺术字的动画效果为自定义动画中的"缩放"效果，如图 4-49（d）所示。

（6）在第二张幻灯片的右下角插入"结束动作"按钮（如图 4-49（b）所示），使鼠标单击时能够跳转到最后一张幻灯片。动作按钮的填充方式为"水滴"。

（7）设置幻灯片的切换方式为"涟漪"，并应用于所有幻灯片。

(a) 第一张幻灯片

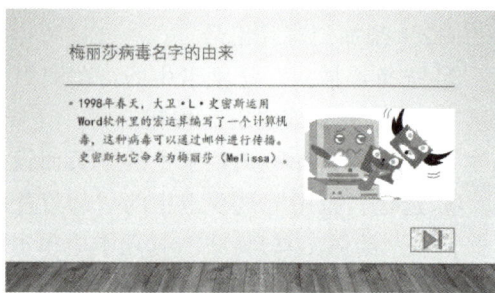

(b) 第二张幻灯片

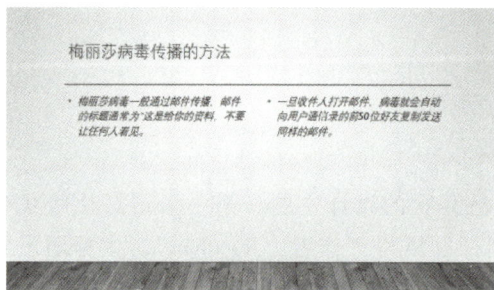

(c) 第三张幻灯片

(d) 第四张幻灯片

图 4-49　演示文稿"梅丽莎病毒"

2. 创建演示文稿"计算机等级考试"

（1）新建一个空白演示文稿，设置一个自己喜欢的设计主题（也可以使用联机搜索模板和主题）。第一张幻灯片版式为"标题幻灯片"，主标题填写"计算机等级考试"，副标题填写"MS Office 高级应用与设计"，样张如图 4-50（a）所示。

（2）第二张幻灯片版式为"空白"，插入 SmartArt 图形，选择"层次结构"，如图 4-50（b）所示。将组织结构图中的样式应用自己喜欢的效果，对本幻灯片采用"翻转式由远及近"动画效果。

（3）第三张幻灯片版式为"标题和内容"，标题为"考试方式"，内容如图 4-50（c）所示。

（4）第四张幻灯片版式为"标题和内容"，标题为"题型和分值"。内容是如图 4-50（d）所示的表格，并为表格设置一种自己喜欢的动画效果。在幻灯片右下角插入"自定义"动作按钮，单击时能够返回到第二张幻灯片，并在动作按钮上添加文本"返回"。样张如图 4-50（d）所示。

（5）第五张幻灯片版式为"标题和内容"，标题为"报名"，内容如图 4-50（e）所示。

（6）将所有幻灯片的切换效果设置为"形状"。

(a) 第一张幻灯片

(b) 第二张幻灯片

(c) 第三张幻灯片

(d) 第四张幻灯片

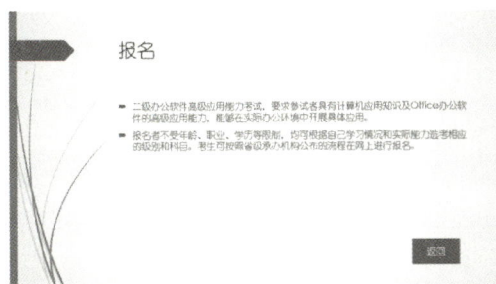

(e) 第五张幻灯片

图 4-50　演示文稿"计算机等级考试"

C 语言程序设计基础

早期的 C 语言主要用于 UNIX 系统。由于 C 语言的强大功能和各方面的优点逐渐为人们所认识，到了 20 世纪 80 年代，C 语言开始进入其他操作系统，并很快在各类大、中、小和微型计算机上得到了广泛的使用，成为目前最优秀的程序设计语言之一。

5.1 知识要点

5.1.1 常量与变量

1. 常量

常量是在程序运算过程中不变的量，包括整型常量、浮点型常量、字符型常量和字符串常量，如 123、3.14159、'a'、"computer"。常量还可以用符号常量表示，用一个标识符来代表一个常量，通过宏定义预处理指令来实现，格式如下：

#define 标识符常量名 常量值

标识符常量名一般为大写，定义后在程序中凡是出现常量的地方均可用标识符常量名来代替。使用了标识符常量的程序在编译前会以实际常量替代符号常量。

2. 变量

变量是内存或寄存器中用一个标识符命名的存储单元，存储一个特定类型的数据，数据的值在程序运行过程中可以随时修改。一个变量有 3 个特征：变量名、变量地址、变量值，例如，定义变量 int a = 30；变量定义后，可以提供 3 个信息：一是变量地址，即操作系统为变量在内存中分配的若干内存的首地址；二是变量名，通过变量名可以读取操作变量；三是变量值，即变量在内存中分配的那些内存单元中存放的数据。

使用变量前必须对其进行声明。声明一个变量，首先要指定变量的类型，然后说明变量的名字。例如：

int r; //声明 r 是一个 int 型变量

定义变量的一般形式是：

类型名 变量名 1，变量名 2，变量名 3，…，变量名 n；

命名变量名时必须遵循如下命名规则：必须以字母或下划线开始；后面可以跟若干字

母、数字或下划线；不能与关键字相同。例如，Abc、_abc_、_123 是合法的变量名，3abc、ab $ 是不合法的变量名。

变量通过赋值的方式获得值。赋值表达式的一般形式是：

变量名＝表达式

例如，语句"r=5;"把数值 5 赋给变量 r。需要注意的是，变量必须先声明，才可以赋值，值的类型与变量声明的类型要一致，当两者不一致时，会发生类型转换，输出意想不到的结果。

5.1.2 格式化输入输出函数

程序的框架一般是输入计算机的原始数据，通过计算，将结果输出。程序的输入/输出分为两大类：一类是程序之间以文件形式传送数据；另一类是人机交互，把人们可以识别的形式（字符串、数）按一定格式输入到程序的变量中，输出相反，按用户要求的格式将变量或常量的值显示或打印。输入、输出在不同的程序设计语言中由不同的语句或函数来实现。

在 C 语言中数据的输入/输出函数有：格式化输入函数 scanf()、格式化输出函数 printf()、字符输出函数 putchar()、字符输入函数 getchar() 等。

1. scanf 函数

scanf 是格式化输入函数，它从标准输入设备（键盘）读取输入的信息。其调用格式为：

scanf（格式控制字符串，地址表列）；

格式控制字符串是用双引号括起来的字符串，它包括两种信息：格式说明和普通字符。格式说明由"%"和格式字符组成，如%d、%f 等，它的作用是将输入的数据转换为指定的格式输入,%d 表示输入整型数据,%f 表示输入实型数据（单精度浮点数）。普通字符表示需要原样输入的字符。

"地址表列"是由若干地址组成的表列，可以是变量的地址或字符串的首地址，如："scanf("%d"，&r);"，&r 是变量 r 的地址。

使用 scanf() 函数时，应特别注意数据的键盘输入操作，其输入规则是除了在格式符位置上输入具体的数据外，其他字符照原样输入一遍。

2. printf 函数

printf 是格式化输出函数，其作用是按指定的格式将一个或多个任意类型的数据输出到显示器上。其调用格式为：

printf（格式控制字符串，输出项表）；

格式控制字符串与 scanf 函数中的用法类似。

输出项表列出要输出的数据项，数据项可以是常量、变量或表达式，各输出项之间用逗号分隔。

例如 printf（"I am a student."）；的运行结果为在显示器上输出字符串"I am a student."。

格式字符与输出数据之间个数、类型及顺序必须一一对应。输出时，除了格式符位置上用对应输出数据代替外，其他字符被原样显示输出。

5.1.3　C 语言的语句结构

C 语言是一种结构化程序设计的编程语言，它和其他结构化高级语言一样，具有三种基本结构：顺序结构、选择结构（分支结构）、循环结构。这三种结构在 C 语言中单独存在或者以结合的方式存在。

1. 顺序结构

所谓顺序结构就是指按照语句出现的先后顺序执行的一种结构，如图 5-1 所示。程序执行了 A 块语句后再执行 B 块语句。

2. 选择结构

选择结构是结构化程序设计的 3 种基本结构之一，它的执行要根据所给定的条件，决定从给定的两种或多种操作中选择其中的一种来执行。在 C 语言中，分支结构主要由 if 语句和 switch 语句实现。

图 5-1　顺序结构

使用 if 语句判断给定的条件是否满足，根据判断结果值的真假来决定执行哪个分支程序段。C 语言中 if 语句有 3 种基本形式：单分支 if 语句、双分支 if 语句以及多分支 if 语句。

（1）单分支 if 语句

一般格式为：

if（表达式）语句；

单分支 if 语句的基本功能是：首先判断表达式的值是否为真（非 0），如果为真，则执行语句，如果为假（0），不执行该语句，继续执行 if 语句的下一条语句。执行过程如图 5-2 所示。

注意：if 之后的表达式必须用括号，表达式可以是关系表达式、逻辑表达式以及数值等；如果表达式为真，其后要执行的语句有多条，必须采用复合语句形式，即用花括号{ }把要执行的多条语句括起来。

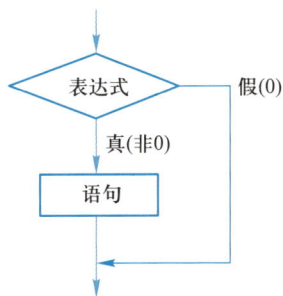

图 5-2　单分支 if 语句流程图

（2）双分支 if 语句

一般格式：

if（表达式）语句 1；

else　　语句 2；

此种语句形式又称为 if-else 形式，它的执行过程是：先判断表达式的值是否为真（非 0），如果表达式的值为真，则执行语句 1，否则执行语句 2。无论表达式的值为真或假，语句 1 和语句 2 两者必须且只能执行其一，然后接着执行 if 语句的下一条语句，如图 5-3 所示。

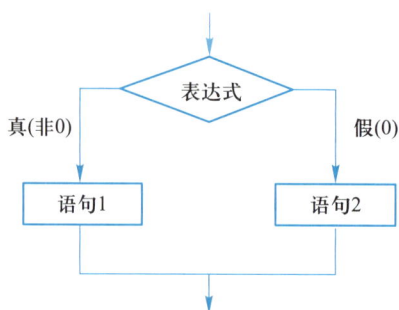

图 5-3　双分支 if 语句流程图

（3）多分支 if 语句

一般格式：

if（表达式 1）语句 1；

else if（表达式 2）语句 2；

　　…

else if（表达式 n）语句 n；

else 语句　n+1；

此种形式又称为 if-else-if 形式，其执行过程为：依次判断 if 后面的表达式的值，如果某个表达式的值为真，则执行其后面对应的语句，不再执行其他语句；如果所有的表达式均为假，则执行最后一个 else 后面的第 n+1 条语句，如图 5-4 所示。

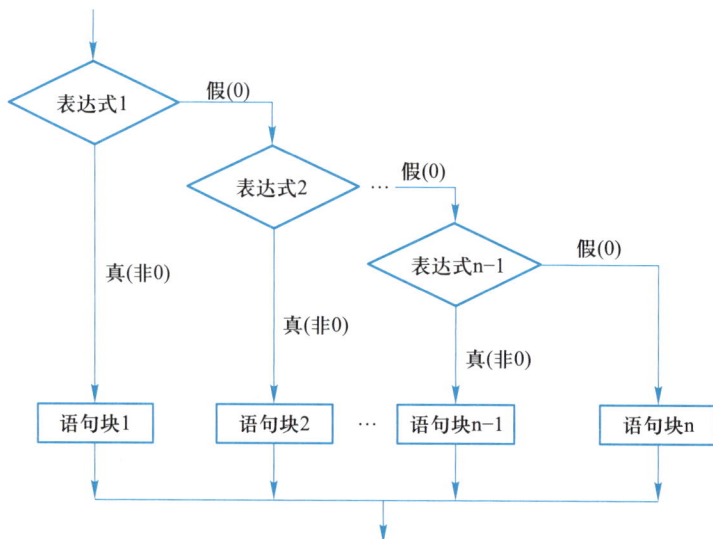

图 5-4　多分支 if 语句流程图

3. 循环结构

循环结构是结构化程序设计的 3 种基本结构之一，也是程序中使用最多的一种控制结构。许多问题的求解都需要重复执行某种操作，此时应采用循环结构来完成。用循环结构来处理各种重复操作既简单又方便，它与顺序结构、选择结构都是各种复杂程序的基本构造单元。C 语言提供了多种可以构成循环结构的循环语句，其中 while、do-while 和 for 语句是最基本最常用的语句。

（1）while 语句

while 语句用来实现当满足某个条件时，反复执行某一程序段，因此也称为"当型"循环。

while 循环的一般形式为：

while（表达式）

循环体语句；

它的执行过程是：先计算表达式的值，当值为真（非 0）时，执行一次循环体语句，然后返回再判断表达式的值；当值为假（0）时，退出 while 循环，如图 5-5 所示。

（2）do-while 语句

do-while 循环可以用来实现"直到型"循环，它的一般形式为：

    do

        循环体语句；

    while（表达式）；

do-while 循环与 while 循环不同，它的执行过程是：先执行 do 后面的循环体语句，然后再判断表达式是否为真（非 0）。如果为真，则继续执行循环体语句，直到表达式的值为假时结束循环。因此，不管一开始条件表达式的值是否为真，do-while 循环都至少要执行一次循环体语句，如图 5-6 所示。

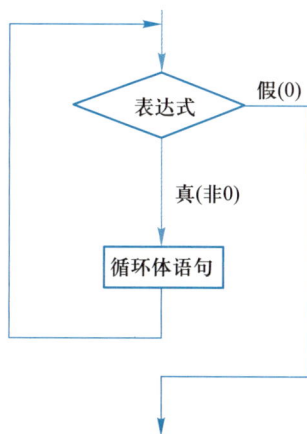

图 5-5　while 语句流程图　　　　　图 5-6　do-while 语句流程图

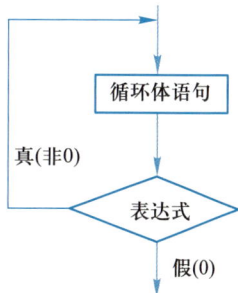

（3）for 语句

在 C 语言中，用 for 语句构成的循环结构称为 for 循环。for 循环语句使用最为灵活和广泛，既可以用于计数型循环，也可以用于条件型循环，它完全可以取代 while 和 do-while 语句。它的一般形式为：

for（表达式 1；表达式 2；表达式 3）

循环体语句；

它的执行过程如下：

① 先计算表达式 1。

② 计算表达式 2，若其值为真（非 0），则转向下面第③步；若其值为假（0），则转向第⑤步。

③ 执行一次 for 循环体。

④ 计算表达式 3，转回上面第②步继续执行。

⑤ 结束循环，执行 for 语句下面的一个语句。

它的整个执行过程如图 5-7 所示。

用循环结构解决问题的关键就是找出循环继续与否的条件和需要重复执行的操作，即循环体语句。

程序设计中的任何循环都必须是有条件或有限次数的循环，一定要注意避免循环一直进行、无法正常结束的情况（即死循环）的发生。

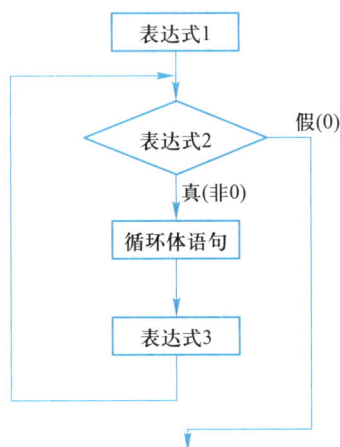

图 5-7　for 语句流程图

4. 函数的定义和调用

（1）C 语言程序的模块化结构特点

在 C 语言中，通常把程序需要实现的若干功能分别编写为若干函数，然后将它们组合成一个完整的程序。C 语言就是通过函数实现程序的模块化。

① 一个 C 语言程序可以由若干函数构成，在若干函数中，有且只有一个主函数，即 main（）。

② 一个源程序无论有多少个函数，程序必须从主函数开始，且结束于主函数。

③ 若干函数间的位置可以是任意的，包括主函数。

④ 若干函数彼此平行，独立定义，可以嵌套调用，但不可以嵌套定义。

⑤ 函数间虽然可以相互调用，但是不能调用 main（）函数。

（2）函数的分类

在 C 语言中，程序是由若干函数构成的，C 语言函数丰富，有如下类型。

① 从用户使用的角度划分：库函数（自带函数）、用户自定义函数。库函数由系统提供，可直接使用，使用前要加上相关的包含命令。用户自定义函数用来实现用户特定的某项功能。

② 从函数形式的角度划分：无参函数、带参函数。

无参函数是在定义和调用时都没有参数的函数，一般用来执行指定的一组操作。无参函数一般不带回函数值。带参函数，在函数调用时，主调函数和被调函数之间有数据传递，即主调函数可以将数据传给被调函数使用，最后将结果带回给主调函数使用。

（3）函数的定义和调用格式

函数定义格式如下：

返回值类型　函数名（类型　形式参数 1，类型　形式参数 2，…）

｛

　声明语句部分

　可执行语句序列

｝

函数的调用格式：

函数名（实际参数 1，实际参数 2，…）；

如果是无参数的函数调用，则没有实际参数。

用户自己定义的函数可以直接放在 main（）函数的前面。如果被调函数定义在主调函数之后时，必须先加以声明才可以使用。

带参函数声明的一般格式如下：

类型标识符　函数名（类型　形参，…，类型　形参）；

（4）带参函数的定义、调用、声明的关系

① 函数定义是实现某功能的程序段。

② 函数调用就是对函数的使用。

③ 函数声明是说明语句，只在被调函数在主调函数之后时才需要使用。

带参函数的定义、调用、声明的关系如图 5-8 所示。

```c
#include "stdio.h"
double max(double a,double b)    //函数声明，自定义max函数求三个数中的最大值
void main()
{
  double a,b,c,d;
  printf("请输入3个实数（以逗号隔开）：");
  scanf("%lf,%lf,%lf",&a,&b,&c);
  d=max(c,max(a,b));        //函数调用
  printf("MAX=%lf\n",d);

}
double max(double a,double b)    //定义函数max
{
  double c;
  c=a>=b?a:b
  return c;
}
```

图 5-8　带参函数的定义、调用、声明的关系

（5）函数的嵌套调用

C 语言的函数定义都是相互平行、独立的，不能嵌套定义，但是可以嵌套调用函数，即在调用一个函数的过程中可以调用另一个函数。

图 5-9 所示是两层嵌套，其执行过程如下。

① 无论有多少个函数，其执行都是从 main 函数开始。

② 在 main 函数的运行过程中遇到了调用 a 函数的操作语句，流程转去执行 a 函数。

③ 进入 a 函数的开头部分，同样在 a 函数的执行过程中遇到了调用 b 函数的操作语句，这时流程转去执行函数 b。

④ 执行 b 函数，当完成 b 函数的全部操作时返回 a 函数中调用 b 函数处，继续执行 a 函数中尚未执行的部分，直到 a 函数结束。

⑤ 返回 main 函数中调用 a 函数处，继续执行 main 函数的剩余语句，直到 main 函数结束。

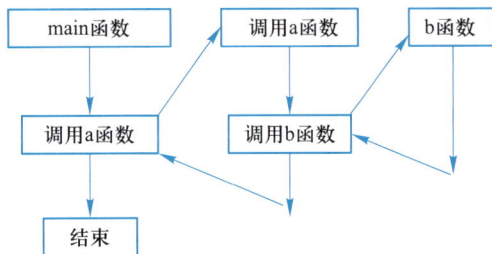

图 5-9　函数嵌套调用执行过程

在 C 语言中，函数是实现程序模块化的必要手段。合理地编写函数，可以简化程序模块的结构，提高程序的可读性，减少重复编码的工作量，更重要的是可以多人共同编制一个大程序，缩短程序设计周期，提高程序设计和调试的效率，这就是模块化程序设计的主要思想。

▶▶ 5.2　实验目的

（1）熟悉编译环境 Dev-C++。
（2）掌握运行 C 语言程序的全过程。
（3）掌握 C 语言程序的格式框架。
（4）了解经典算法 C 语言程序的实现。

▶▶ 5.3　实验内容

▶ 5.3.1　创建第一个 C 语言程序

【实验要求】
（1）了解 Dev-C++开发环境。
（2）了解在 Dev-C++开发环境编制和运行程序的基本流程。
（3）创建一个 C 程序，在显示器上输出"hello world!"，文件名保存为"my.c"。

【实验步骤】

（1）新建源文件

启动 Dev-C++，选择"文件"→"新建"→"源代码"命令（或按 Ctrl+N 键），如图 5-10 所示。

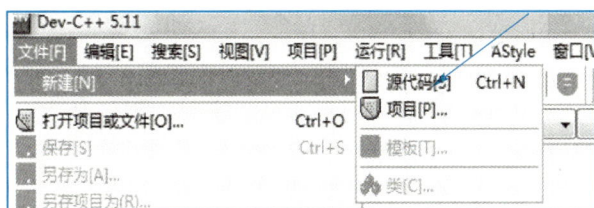

图 5-10 "新建"文件

（2）保存源文件

单击"文件"→"另存为"→"新建文件夹"命令，文件类型选（*.c），输入文件名 my.c，单击"保存"按钮。

（3）编辑代码

在右侧空白区域输入代码，如图 5-11 所示，然后单击"保存"按钮，保存文件。

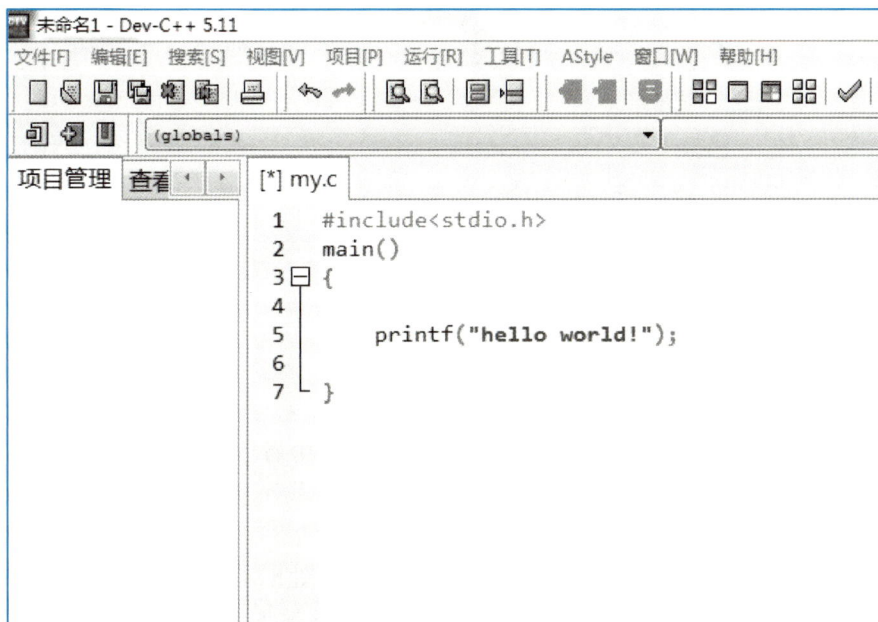

图 5-11 my.c 源代码

（4）编译代码

单击"运行"→"编译"命令，或按 F9 键或单击图 5-12 中的"编译"按钮。

图 5-12　编译 my.c

如果程序中有语法错误，会在底部有错误信息提示。需要对程序修改后，再保存，再编译，直到没有错误为止。

如果代码没有错误，会在下方的"编译日志"窗口中看到编译成功的提示：0 错误，0 警告。

（5）运行程序

单击"运行"→"运行"命令，或按 F10 键或单击图 5-12 中的"运行"按钮，会看到一个黑色窗口，显示运行的结果（hello world!）。按下键盘上的任意一个键，黑色窗口就会关闭，如图 5-13 所示。

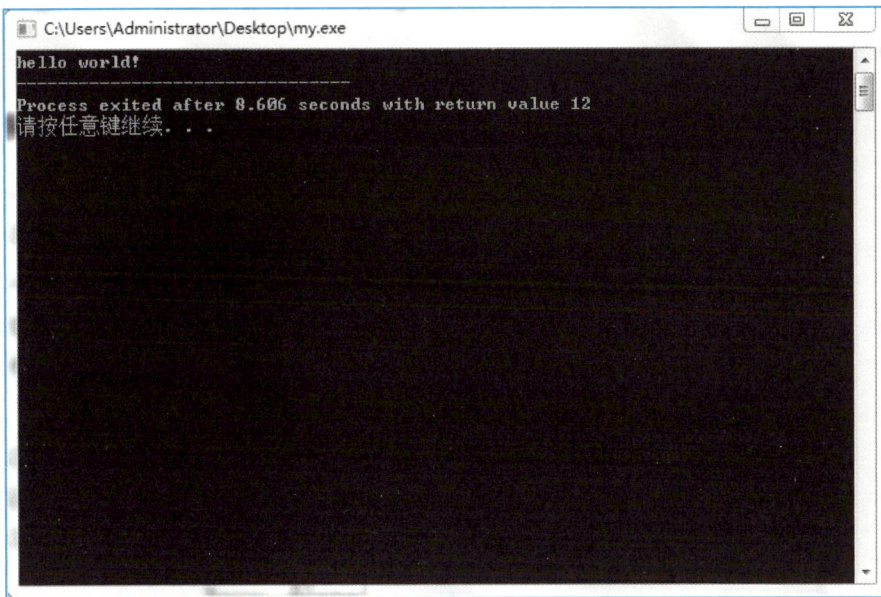

图 5-13 my.c 的运行结果

（6）关闭文件

单击"文件"→"关闭"命令。

注意：

① 源文件必须保存为 .c 文件。

② 只要程序有任何的修改，都必须要再保存、重新编译、再运行。

5.3.2 计算分段函数值

输入整数 x，根据下面的分段函数计算 y 的值。

【实验要求】

（1）了解输入输出函数。

（2）熟悉 if 语句。

（3）了解标准库函数的使用方法。

【实验步骤】

编程思路：x 为任意的整数，有 3 种取值可能，只有通过判断才能确定其具体取值情况，以便给 y 赋值。判断可以使用多种 if 语句来实现，如"方法一"中使用 3 个简单 if 语句完成 x 的取值判断；"方法二"使用 if 嵌套语句来实现。

方法一：输入如图 5-14 所示的代码。

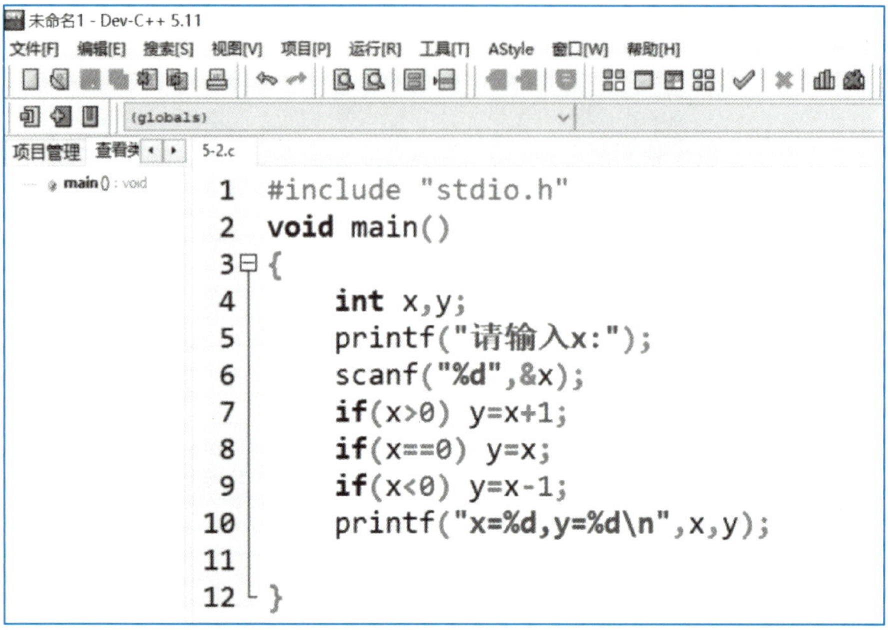

图 5-14　计算分段函数值方法一程序代码

执行程序时，输入 60 给 x，运行结果如图 5-15（a）所示。输入 0 给 x，运行结果如图 5-15（b）所示。

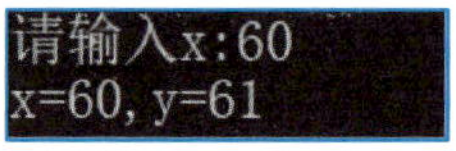

(a) 运行结果(1)

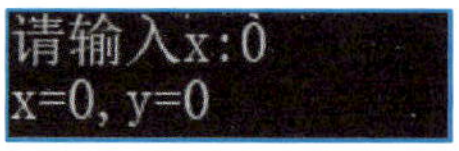

(b) 运行结果(2)

图 5-15　计算分段函数值程序运行结果

printf 和 scanf 都是标准库函数，若想使用库函数，必须在程序的开头使用预编译命令，其格式为：

#include<头文件名>　或　#include　"头文件名"

printf 和 scanf 是输入和输出函数，其头文件为 stdio. h。

方法二：输入如图 5-16 所示的代码。

```
#include "stdio.h"
void main()
{
    int x,y;
    printf("请输入x:");
    scanf("%d",&x);
    if(x>0) y=x+1;
    else if(x==0) y=x;
    else y=x-1;
    printf("x=%d,y=%d\n",x,y);
}
```

图 5-16　计算分段函数值方法二程序代码

if 语句嵌套时，else 子句与 if 的匹配原则为：与在它上面、距它最近且尚未匹配的 if 配对，为明确匹配关系，避免匹配错误，应将内嵌的 if 语句用花括号括起来。

5.3.3　显示 1~10 的平方

【实验要求】

（1）了解循环结构的工作原理。

（2）熟悉循环控制语句的使用方法。

【实验步骤】

编程思路：

（1）定义变量 i，并赋初始值 1，用 i 来表示底数和行数，让 i 在循环体中递增。

（2）循环结束的条件为 i<=10，即底数增加到 10 的时候进行最后一次循环。

（3）循环体中使用 printf( ) 函数输出平方数。

程序代码：输入如图 5-17 所示的代码。

程序运行结果如图 5-18 所示。

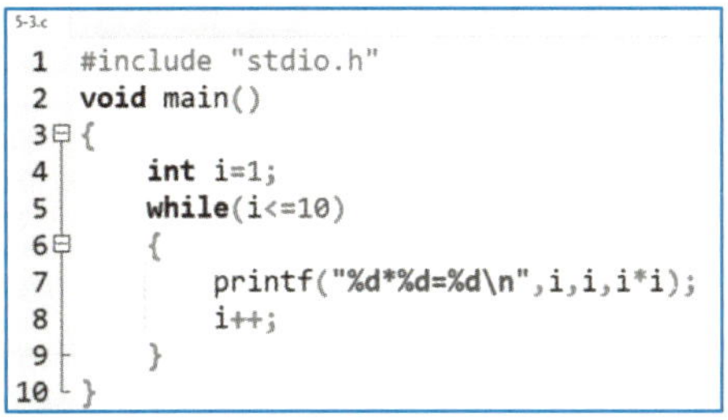

```
5-3.c
1  #include "stdio.h"
2  void main()
3  {
4      int i=1;
5      while(i<=10)
6      {
7          printf("%d*%d=%d\n",i,i,i*i);
8          i++;
9      }
10 }
```

图 5-17　显示 1~10 的平方程序代码

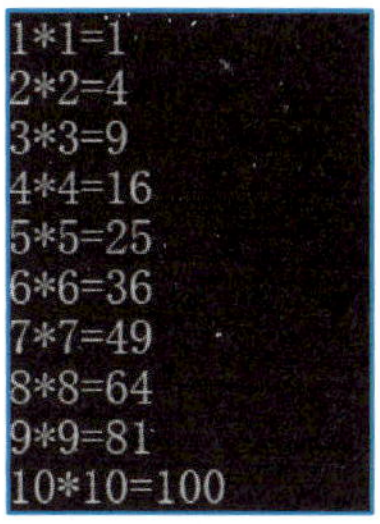

```
1*1=1
2*2=4
3*3=9
4*4=16
5*5=25
6*6=36
7*7=49
8*8=64
9*9=81
10*10=100
```

图 5-18　显示 1~10 的平方
程序运行结果

while 循环的特点是先判断条件后执行循环体语句，因此循环体语句有可能一次都执行不到。

循环体语句可以是一个语句，也可以是多个语句。当只有一个语句时，外层的大括号可以省略，如果循环体是多个语句，一定要用花括号"{}"括起来，以复合语句的形式出现。

▶ 5.3.4　求自然数 1~100 之和

即计算 sum = 1+2+3+…+100。

【实验要求】

（1）理解典型的累加问题的循环规律。

（2）了解将循环规律转化为代码的过程。

【实验步骤】

编程思路：

（1）首先定义两个变量，用 i 表示累加数，用 sum 存储累加和。

（2）给累加数 i 赋初值 1，表示从 1 开始进行累加，给累加变量 sum 赋初值 0。

（3）使用循环结构反复执行加法，在 sum 原有值的基础上增加新的 i 值，加完后再使 i 自动加 1，使其成为下一个要累加的数。

（4）在每次执行完循环后判断 i 的值是否到达 100，如果达到 100 就停止循环累加。

（5）最后输出计算结果，即输出 sum 的值。

程序代码：输入如图 5-19 所示的代码。

程序运行结果如图 5-20 所示。

```
1  #include "stdio.h"
2  void main()
3  {
4      int i,sum;
5      i=1;sum=0;
6      while(i<=100)
7      {
8          sum=sum+i;      /* 累加*/
9          i++;            /* 变为下一个加数*/
10     }
11     printf("sum=%d\n",sum);
12 }
```

图 5-19 自然数 1~100 之和程序代码

```
sum=5050
```

图 5-20 自然数 1~100
之和程序运行结果

这是一个典型的累加问题。程序中用 sum 存储每次累加后的值，用 i 表示要累加的数。第 1 次先计算 0+1 的值，并将其存入 sum，第 2 次再计算 sum+2 的值，并将结果存回到 sum 中，第 3 次计算 sum+3 的值，再将结果存回到 sum 中，如此重复下去，直到计算完 sum+100 为止。每次累加完成后，加数 i 自动增加 1，变为下一个加数，当 i 达到 100 时，累加结束。

5.3.5 输出不能被 3 整除的数

把 100~200 之间的不能被 3 整除的数输出。

【实验要求】

（1）理解循环结构与选择结构如何结合使用。

（2）了解 for 循环的实现过程。

【实验步骤】

编程思路：

（1）用变量 n 表示 100~200 之间的所有整数。

（2）利用 for 循环遍历每个 n，在循环体中判断 n 是否能被 3 整除，如果能整除，则输出 n 的值，如果不能整除，则什么都不做，这个判断用 if 语句实现。

程序代码：输入如图 5-21 所示的代码。

```
1  #include "stdio.h"
2  void main()
3  {
4      int n;
5      for(n=100;n<=200;n++)
6      {
7          if(n%3!=0)       /* 判断n是否能被3整除*/
8          printf("%d ",n); /* 能整除时输出n的值*/
9      }
10 }
```

图 5-21 输出 100~200 之间的不能被 3 整除的数程序代码

程序运行结果如图 5-22 所示。

```
128 130 131 133 134 136 137 139 140 142 143 145 146 148 149 151 152 154 155
157 158 160 161 163 164 166 167 169 170 172 173 175 176 178 179 181 182 184
185 187 188 190 191 193 194 196 197 199 200
```

图 5-22   输出 100~200 之间的不能被 3 整除的数程序运行结果

5.3.6   计算整数的阶乘

用调用函数的方式计算整数的阶乘。

【实验要求】

（1）理解模块化程序设计思想。

（2）了解函数的编写及调用方法。

【实验步骤】

编程思路：

（1）该例中出现了 3 种函数：主函数 main( )、库函数 printf( ) 和 scanf( ) 以及用户自定义的计算阶乘的函数 fac( )。

（2）主函数 main( ) 是整个程序的入口，程序从主函数开始执行，也要在主函数中结束执行。

程序代码：输入如图 5-23 所示的代码。

```
5-6.c
 1  #include "stdio.h"
 2  long fac(int n) /*fac()是自定义函数，用于计算n的阶乘 */
 3  {
 4      int i;
 5      long f=1;
 6      for(i=1;i<=n;i++)
 7         f=f*i;
 8      return (f);  /* 返回函数值 */
 9  }
10  void main()  /* 主函数*/
11  {
12      int n;
13      long m;
14      printf("input n: ");
15      scanf("%d",&n);
16      m=fac(n); /* 调用函数fac() */
17      printf("%d!=%ld\n",n,m);
18  }
```

图 5-23   调用函数计算整数的阶乘程序代码

程序运行结果如图 5-24 所示。

```
input n: 5
5!=120
```

图 5-24   调用函数计算整数的阶乘程序运行结果

5.4 实验作业

1. 设计程序：从键盘上输入长方形的长和宽，计算出长方形的面积和周长，然后输出面积和周长。
2. 设计程序：从键盘上输入一个整数，判断该数奇偶性，并输出结果。
3. 用调用函数的方式计算 1！+3！+5！+7！。

实验 6

Python 程序设计基础

▶▶ 6.1 知识要点

▶ 6.1.1 Python 语言的功能特点

Python 是一种解释型脚本语言，被广泛应用于 Web 和 Internet 开发、科学计算和统计、人工智能、桌面界面开发、后端开发等领域。目前，Python 是全球最流行的编程语言之一。通过本实验的学习，可以了解到 Python 语言编写程序的基本流程和特点。

▶ 6.1.2 Python 程序运行

在已安装 Python 而未安装其他 IDE 的环境中运行 Python 程序有两种方式：交互式和文件式。

1. 交互式

交互式是指逐条输入 Python 的指令并由 Python 解释器逐条执行，此方式有两种启动和运行方法。

（1）第一种交互式方法

在"开始"菜单中单击 Python 图标 Python 3.8 64-bit，打开 Python 命令行解释器，如图 6-1 所示，在命令提示符>>>后输入如下 Python 指令：

print（"Hello World!"）

按 Enter 键后显示输出结果 Hello World!

（2）第二种交互式方法

在"开始"菜单中单击图标 IDLE（Python 3.8.7 64-bit），打开 Python 自带的集成开发环境 IDLE 窗口，在命令提示符>>>后输入如下 Python 指令：

print（"Hello World!"）

执行结果如图 6-2 所示。

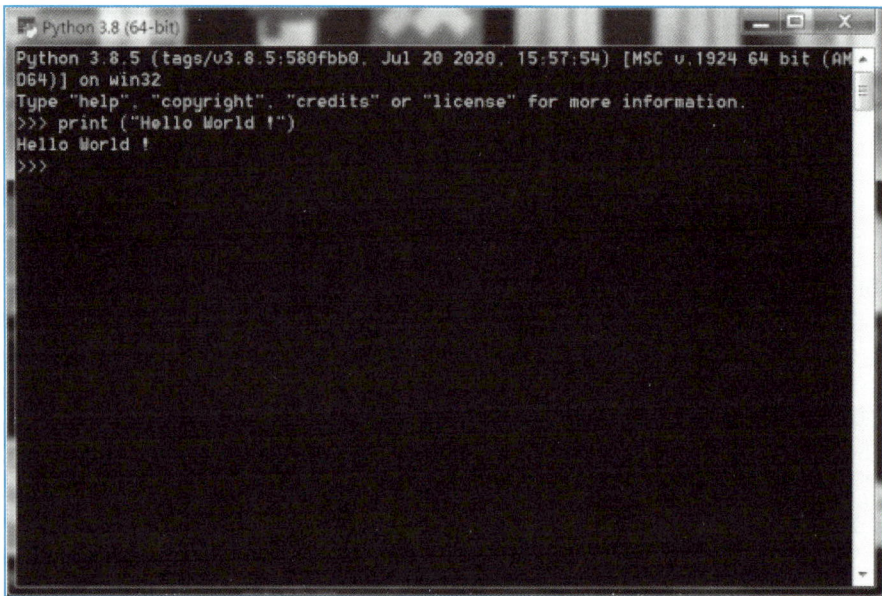

图 6-1　Python 语言命令行交互式

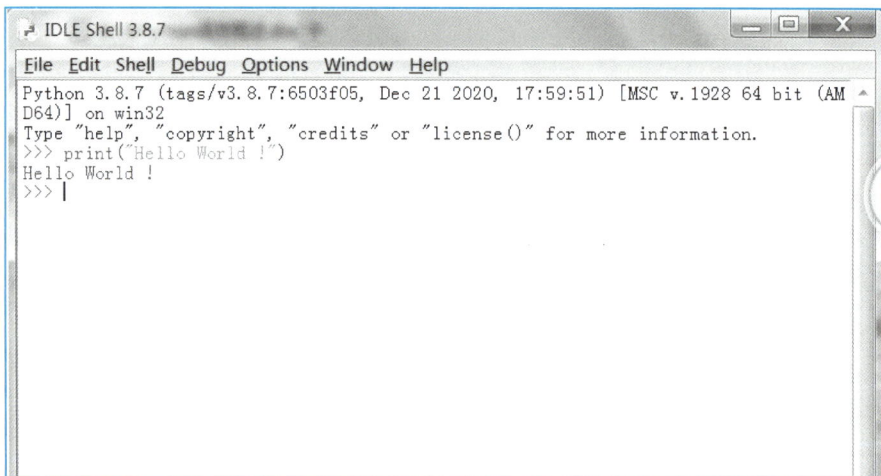

图 6-2　IDLE 中交互式

2. 文件式

文件式 Python 程序运行分为以下两种执行方法。

（1）第一种文件式执行方法

用 Windows 自带的记事本，将只有一行指令的 print（"Hello World!"）程序以扩展名为.py 的文件保存在 D 盘的根录下。打开 Windows 的命令行窗口，输入"D："后按 Enter 键，进入程序所在的 D 盘根目录，输入命令 python hello.py 按 Enter 键，即可运行 Hello.py 程序，如图 6-3 所示。

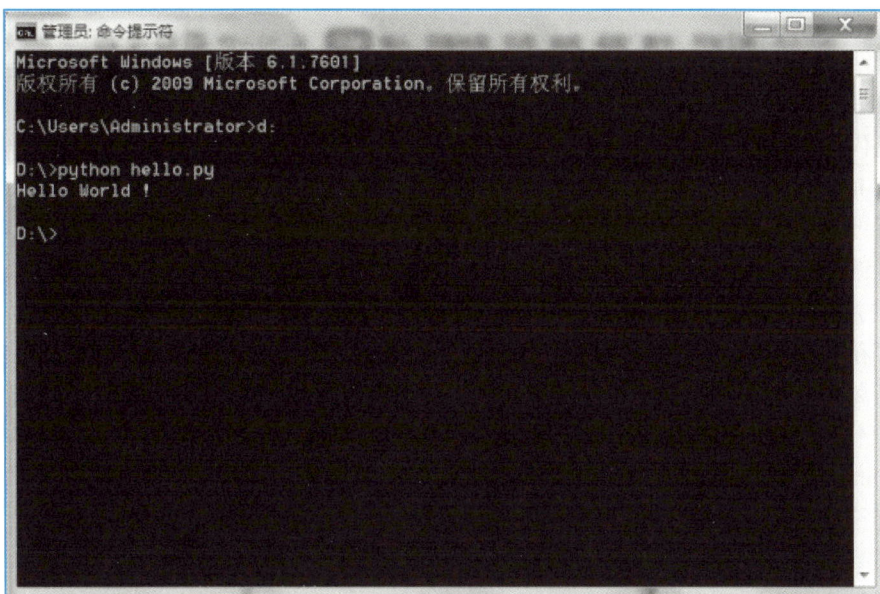

图 6-3　Windows 命令行窗口运行 Python 程序

（2）第二种文件式执行方法

打开 IDLE，在菜单中选择 File→New File 命令，打开一个新窗口。在文本编辑区输入 print（"Hello World!"）并存为 Hello.py 文件，然后在菜单中选择 Run→Run Module 命令，运行该文件，运行结果会显示在 Python 3.8.7 Shell 中，如图 6-4 所示。

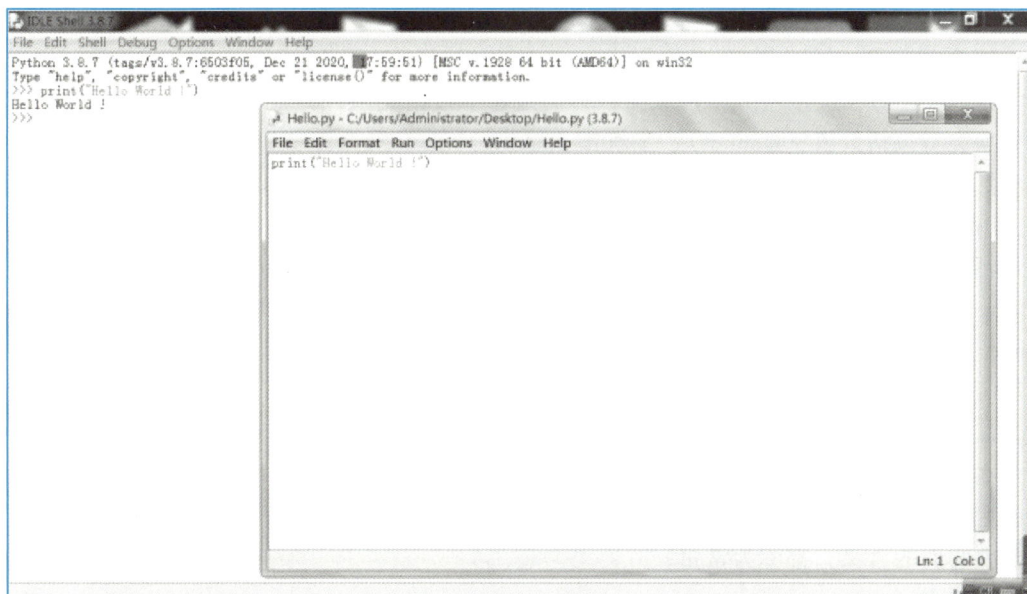

图 6-4　IDLE 窗口编辑运行程序

6.1.3　Python 编程规范

1. 缩进

一般代码不需要缩进，顶行编写且不留空白。当表示分支、循环、函数、类等程序含义时，在 if、while、for、def、class 等保留字所在完整语句后通过英文冒号（:）结尾，并在之后行进行缩进，表明后续代码与紧邻无缩进语句的所属关系。在编写代码中，缩进可以用 Tab 键实现，也可以用多个空格（通常 4 个空格）实现。

2. 使用一行多条语句

通常在使用较短的语句时，希望一行能有多条语句。可以使用分号（;）对多条短语句实现隔离，实现同一行多条语句代码的编写。

3. 续行符

Python 程序是逐行编写的，每行代码长度没有限制。续行符由反斜杠（\）符号表达。续行符使用需要注意两点：续行符后不能存在空格；续行符后必须直接换行。

4. 注释

注释是代码中的辅助性文字，会被编译器或解释器略去，不被计算机执行，一般用于程序员对代码的说明。Python 语言采用 "#" 表示一行注释的开始，多行注释需要在每行开始都使用 "#"。

5. 可读性

使用空格与空行增强代码的可读性，通常运算符两侧、逗号后面建议增加一个空格，而不同功能的代码之间、不同的函数定义以及不同的类定义之间则尽量增加一个空行。

6.1.4　Python 语言基础

1. 数据类型

Python 中数据类型可分为两大类：一类是基本数据类型；另一类是复合数据类型。基本数据类型包括数值（number）、字符串（string）和布尔类型（bool）。复合数据类型一般包括列表（list）、元组（tuple）、字典（dictionary）和集合（set）。数值类型中分为整数（int）、浮点数（float）和复数（complex）三种类型。Python 的数据类型分为不可变数据类型和可变数据类型，整数（int）、浮点数（float）、复数（complex）、字符串（string）、布尔类型（bool）和元组（tuple）是不可变数据类型；列表（list）、字典（dictionary）和集合（set）都是可变数据类型。Python 的数据类型又可分为有序序列（列表、元组、字符串）和无序序列（字典、集合）。

2. 常量

在计算机科学中，常量是用于表达代码中一个固定值的表示法，常量的值和含义不会被改变。100 是数值，'Hello' 是字符串，True 和 False 代表真和假，这些数据直接从其字面反映它们的含义，都称为常量。

3. 变量

变量是用来存储数值的容器，每个变量都有唯一的名字标识和确定变量能够存储数据的数据类型，可通过赋值（采用等号"="表达）方式被修改。

4. 运算符与表达式

Python 的运算符号包括算术运算符、赋值运算符、关系运算符、集合运算符、成员测试运算符、位运算符以及逻辑运算符等。表达式的数据类型是通过数据和运算符共同决定的。

5. 常用内部函数

Python 中的内部函数主要包括数学函数、数据类型转换函数、基本输入/输出函数、序列结构或可迭代数据函数和其他函数。

▶ 6.1.5 程序控制结构

程序控制结构由顺序结构、选择结构、循环结构和相应的语句构成。

1. 顺序结构

在顺序结构的程序中不使用控制流程语句，程序语句按照从左至右、自顶向下的顺序执行。顺序结构是一种线性结构，也是程序设计中最简单、最常用的基本结构。顺序结构特点是每条语句按照出现的先后顺序依次逐块执行。

2. 选择结构

选择结构又称为分支结构，它根据所给定条件的真假决定执行不同的操作。实现选择结构的途径有：单分支结构 if 语句，双分支结构 if 语句，多分支结构 if 语句。

（1）单分支结构 if 语句

if 条件表达式：

语句块

语句功能：计算条件表达式时，若结果为 True 或等价于 True，则执行语句块或单语句；若结果为 False 或等价于 False，则执行单分支结构之后的后续语句。

（2）双分支结构 if 语句

if 条件表达式：

    语句块 1

else：

    语句块 2

语句功能：计算条件表达式时，若结果为 True 或等价于 True，则执行语句块 1；若结果为 False 或等价于 False，则执行 else 子句之后的语句块 2。

（3）多分支结构 if 语句

if 条件表达式 1：

    语句块 1

elif 条件表达式 2：

    语句块 2

……

else：

语句块 n

语句功能：先计算条件表达式 1，若条件表达式 1 结果为 True 或等价于 True，则执行语句块 1，并结束多分支结构；若条件表达式 1 结果为 False 或等价于 False，则计算条件表达式 2，若条件表达式 2 结果为 True 或等价于 True，则执行语句块 2，并结束多分支结构……若所有条件表达式都不成立，则执行 else 后的语句块 n，结束多分支结构。

3. 循环结构

循环是指从程序的某处开始有规律地反复执行某一段代码的现象，并称被重复执行的程序段为循环体。循环结构用来描述具有规律性的重复运算，Python 语言支持循环结构的语句有 for 和 while 语句。

（1）for 语句的格式

for　循环变量　in　遍历结构：

语句块 1

［else：

　　语句块 2］

语句功能：从遍历结构中逐一提取元素，放入循环变量，循环次数就是元素的个数，每次循环中的循环变量值就是遍历结构中提取的当前元素值。如果全部元素被遍历后，结束执行循环体，则执行 else 后的语句块 2；若因在语句块 1 中执行了 break 语句而结束循环时，不会执行 else 后的语句块 2。

（2）while 语句格式

while 条件表达式：

　　语句块

语句功能：先计算条件表达式的值，若条件表达式的值为 True 则执行语句块，并返回条件处重新计算条件表达式值后决定是否重复执行语句块；若条件表达式的值为 False，则循环结束，执行 while 语句之后的后续语句。其中的语句块称为循环体。

▶▶ 6.2 实验目的

（1）学习和掌握在 Python 自带的 IDLE 集成开发环境中编制和运行程序的基本方法。

（2）掌握 Python 常量、变量、表达式以及常用函数等基础知识。

（3）熟练掌握 Python 的顺序结构、选择结构和循环结构的格式和执行过程，并运用它们解决多种编程问题。

（4）了解优化求解方法在 Python 中的具体实现流程。

（5）熟悉字典和列表的基本应用。

（6）了解 Python 第三方库的常见应用。

6.3 实验内容

6.3.1 使用 print 语句输出文本

使用 print 语句输出"欢迎学习 Python 语言!"。

【实验步骤】

（1）学习了解 Python 自带的 IDLE 集成开发环境

使用 Python 自带的 IDLE 也可以启动运行环境，IDLE（Integrated Development and Learning Environment）是 Python 的集成开发环境，与该语言的默认实现捆绑在一起。它被打包为 Python 包装的可选部分，包含许多 Linux 发行版，它完全用 Python 和 Tkinter GUI 工具包编写。在 Windows 中搜索到 IDLE 的快捷方式后即可启动，通过它可以在 IDLE 内部执行 Python 命令。

（2）输入代码并执行

启动 IDLE 进入 Shell 后，看到了命令提示符>>>，在其后输入程序代码：

print（"欢迎学习 Python 语言!"）

"print"表示的是用于输出内容的函数，按 Enter 键后显示输出结果"欢迎学习 Python 语言!"，如图 6-5 所示。

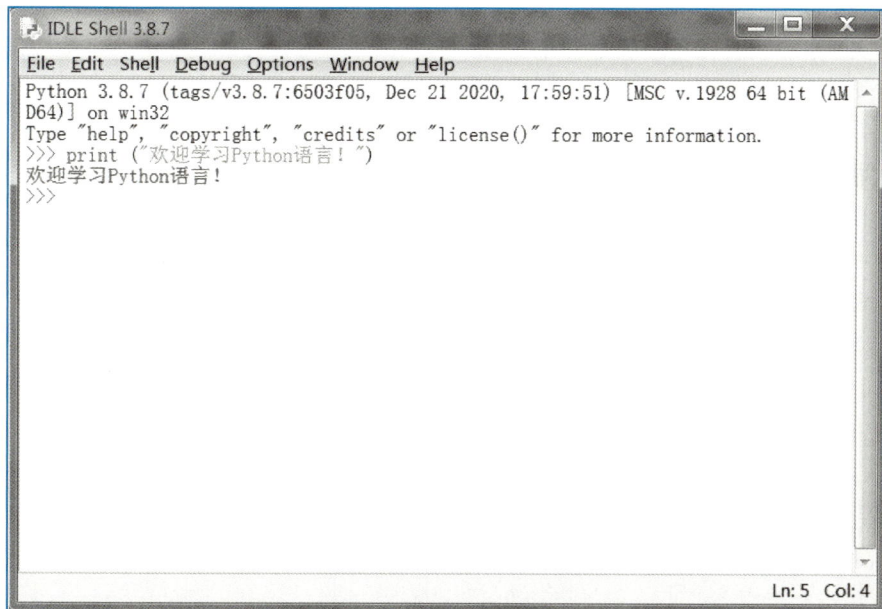

图 6-5 输入代码并执行

6.3.2 输出斐波那契数列

输出 0~1 000 之间的斐波那契数列。

【实验步骤】

（1）学习掌握 Python 程序的格式框架

Python 语言采用严格的"缩进"来表明程序的格式框架。缩进是指每一行代码前面的空白区域，用来表示代码之间的包含和层次关系，不需要缩进的代码顶行编写即可。严格的缩进格式可以有效地约束程序结构，有利于维护代码结构的可读性。

（2）了解 Python 程序的"while"循环结构

很多应用无法在执行之初确定遍历结构，这需要编程语言提供根据条件进行循环的语法，一般称为条件循环。条件循环一直保持循环操作，直到循环条件不再满足才结束，不需要提前确定循环次数。

Python 通过保留字 while 实现条件循环，基本使用方法如下：

While　　<条件>：

　　　<语句块>

其中条件结果为 True 或 False。

（3）设计程序计算斐波那契数列

启动 IDLE 进入 Shell 后，单击"File"→"newfile"菜单，即开始创建新的 Python 程序，输入如下代码：

a, b=0, 1

while a<1000：

　　　print（a, end=', '）

　　　a, b=b, a+b

其中第一行定义了两个变量 a 和 b 并赋予初值，此时两个变量的值也是斐波那契数列的前两项；接下来应用条件循环，从第三项开始依次计算斐波那契数列各项的值即可。

接下来单击"Run"→"Run Module"菜单，对程序进行保存和执行，将程序命名为 Fibo. py 后进入执行状态，在 Shell 中将显示运行结果，如图 6-6 所示。

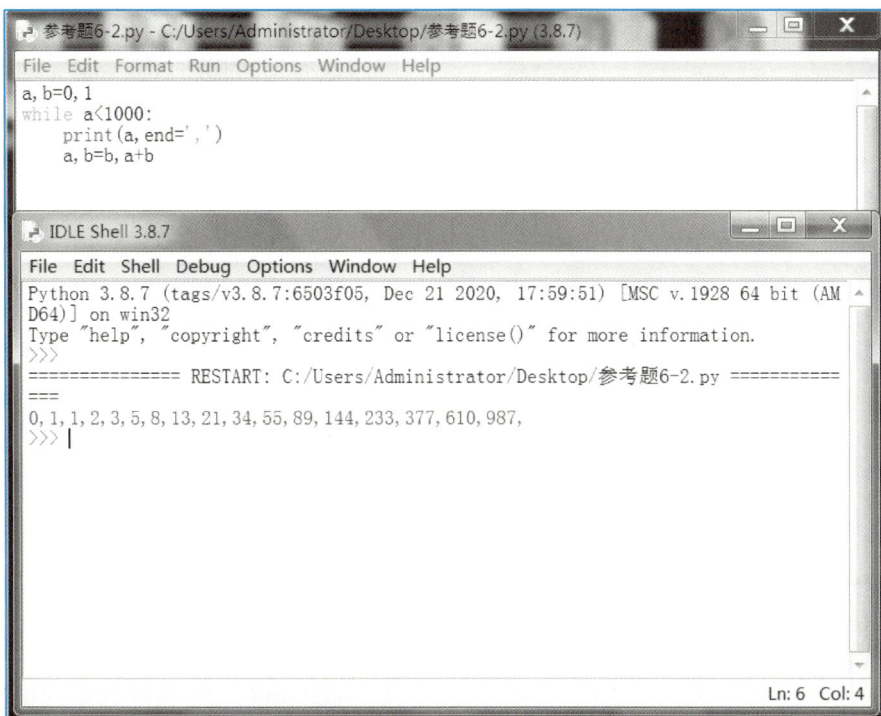

图 6-6　设计程序计算斐波那契数列

6.3.3　求数字的平方根

使用牛顿迭代法求数字的平方根。

【实验步骤】

（1）了解牛顿迭代法

牛顿迭代法是一种最优化求解方法，在迭代过程中求取到最接近解的值，类似的还有梯度下降等方法。迭代法也称辗转法，是一种不断用变量的旧值递推新值的过程，跟迭代法相对应的是直接法（或者称为一次解法），即一次性解决问题。

迭代算法是用计算机解决问题的一种基本方法。它利用计算机运算速度快、适合做重复性操作的特点，让计算机对一组指令（或一定步骤）重复执行，在每次执行这组指令（或这些步骤）时，都从变量的原值推出它的一个新值。

（2）求数字平方根的方法分析

针对 n（$n>0$）的平方根求解，可用以下公式描述：$x=\sqrt{n}$

将该式换成：$x^2=n$

移项得：$x^2-n=0$

要求出 n 的平方根，即是求出该式的解，对于该式，可以描述为：$x^2-n=y$

也就是求出函数对应的抛物线（如图6-7所示）与x轴的交点，因为正实数求平方根结果大于0，因此只需要计算大于零的一边。对于该式的求解，牛顿迭代法的迭代速度较快。

首先给定初始的值，这个值可以随便给，我们选的是$x=4$，如右侧竖线所示。牛顿迭代法的优点在于给定初始值之后，能够快速下降接近目标解。在$x=4$这一点，获取$x^2-n=y$在该点的切线，如图6-7中斜线所示。求出该点切线与x轴交点即为下次迭代的x值，最后迭代多次之后，如果在误差范围内，输出结果。

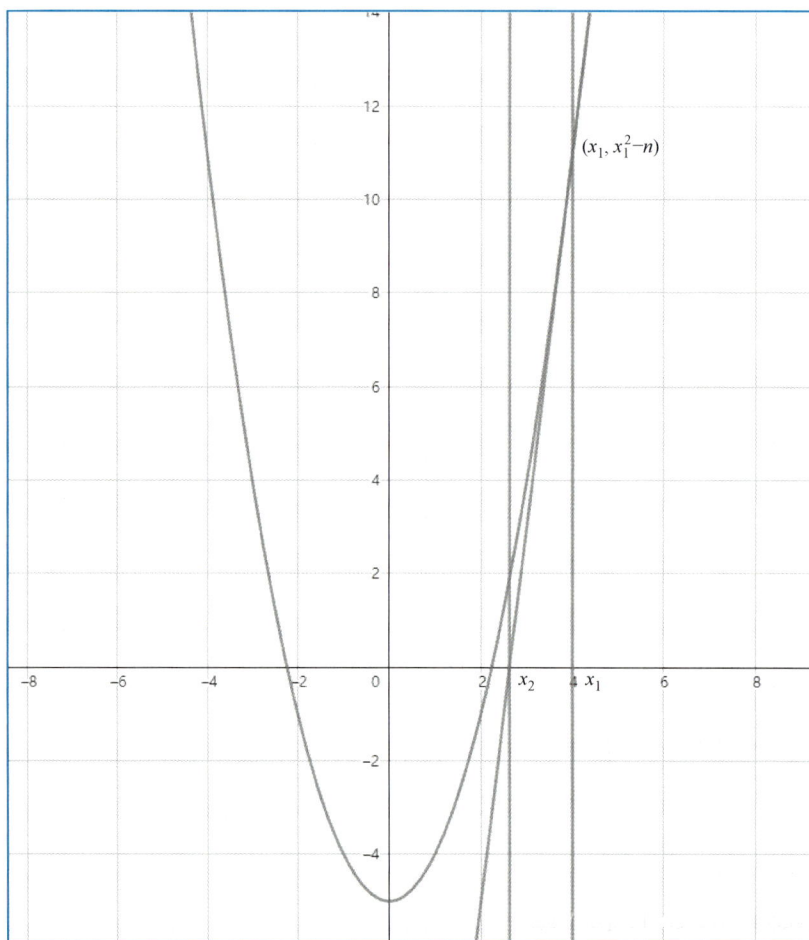

图6-7　函数对应的抛物线

下面对给定初始值x_1，分析算法的计算过程。

在式中：$x^2-n=y$

初始值对应的点为(x_1, x_1^2-n)，该点切线的斜率为$2x_1$，斜率公式为：

$$2x=y$$

斜率公式可通过对原函数求导得出。将点和斜率代入切线公式 $ax+b=y$，可求得切线方程为：

$$y=2x_1x-x_1^2-n$$

令 $y=0$，可求得下一个迭代的点为：

$$x_2=\frac{n}{2x_1}+\frac{x_1}{2}$$

对上式迭代多次，直到求出 $x_n-x_{n-1}<\varepsilon$，其中 ε 为自定义的误差范围。

（3）应用牛顿迭代法设计程序求平方根

根据步骤（2）的算法，可设计出如下程序：

```
n = 56
x = 4.0
epsilon = 0.00000001
while True：
    print(x)
    y = (x+n/x)/2
    if abs(y-x)<epsilon：
        break
    x = y
```

该程序定义了变量 n 用于存储被求平方根的数字，定义了变量 x 存储假设的初始平方根，定义了变量"epsilon"存储自定义的允许误差范围；之后设计了 while 循环结构应用牛顿迭代法，依次用上一次的结果作为计算变量，使得计算出的平方根随着迭代过程更为精确，直到小于自定义的误差范围条件触发，停止循环。

▶ 6.3.4 使用字典统计

使用字典统计字符串在列表中出现的次数。

【实验要求】

使用字典统计字符串在列表中出现的次数，结果如图 6-8 所示。

【实验步骤】

（1）了解 Python 中的字典

字典是另一种可变容器模型，且可存储任意类型对象。字典的每个键值（key => value）对用冒号（:）分隔，每个对之间用逗号（,）分隔，整个字典包括在花括号（{}）中，格式如下：

d={key1：value1，key2：value2}

键必须是唯一的，但值则不必。值可以取任何数据类型，但键必须是不可变的，如字符串、数字或元组。

（2）了解 Python 中的列表

列表是 Python 中内置有序可变序列，列表的所有元素放在一对中括号"[]"中，并使用逗号分隔开；一个列表中的数据类型可以各不相同，可以同时分别为整数、实数、字符串等基本类型，甚至是列表、字典以及其他自定义类型的对象。

例如：

[1, 2, 3, 2.4, 5]

[0.01, "wei", [1, 2, 3]]

（3）字典和列表的基本应用

列表可以作为字典的值。如果有一个列表里面包含了若干单词，有的单词在列表中多次出现，可以设计一个函数，在函数内部使用循环结构遍历列表中的元素；同时设计一个字典，键为英文单词，值为单词的频数。

（4）编写程序统计英文单词（字符串）在列表中出现的次数

根据上一步骤，可设计出统计英文单词（字符串）在列表中出现的次数的程序如下：

```
def histogram(s):
    d = dict()
    for c in s:
        if c not in d:
            d[c] = 1
        else:
            d[c] += 1
    return d
t = ['spam','egg','bacon','egg','bacon','bacon','small']
h = histogram(t)
print(h)
```

该程序每循环一次，会得到列表 t 中的一个元素，使用变量 c 表示。如果该元素没有在字典 d 中出现，则为 d 创建一个新的项，键是列表 t 的这个元素，值赋为 1；如果该元素已经在字典 d 中出现，则为该项值加 1。

程序运行结果如图 6-8 所示。

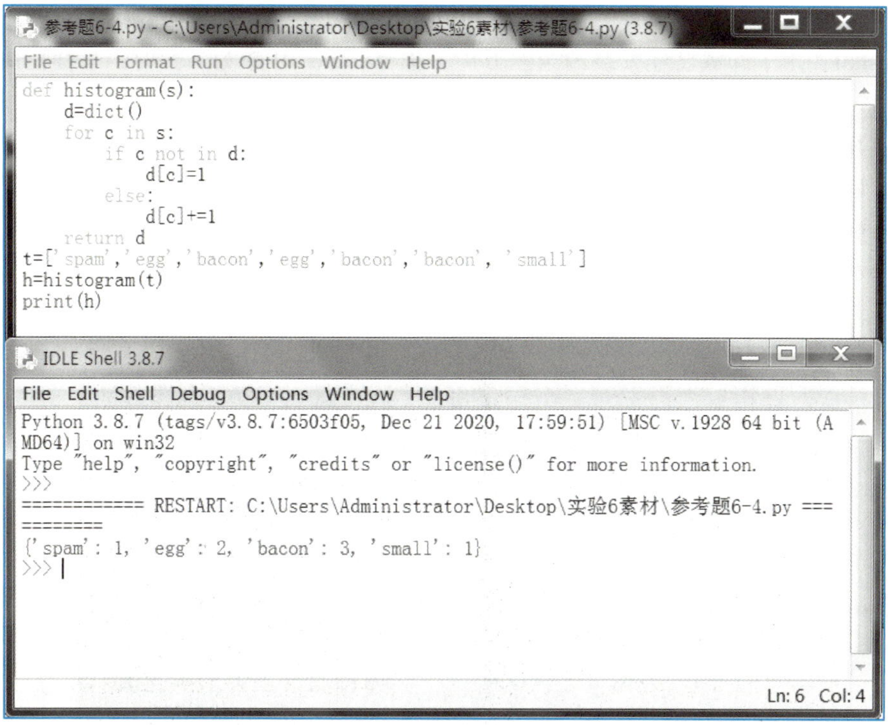

图 6-8　运行结果

6.3.5　绘制图形

使用 matplotlib 库绘制图形。

【实验步骤】

（1）了解 Python 的第三方库

进行 Python 程序开发时，除了使用 Python 内置的标准模块以及我们自定义的模块之外，还有很多第三方库可以使用，这些第三方库可以借助 Python 官方提供的查找包页面（https://pypi.org/）找到。Python 语言提供超过 15 万个第三方库，Python 库之间广泛联系、逐层封装。常用的第三方库包括了：Scrapy——爬虫工具常用的库；Pillow 是 PIL 图形库的一个分支，适用于在图形领域工作的人；Requests——用于 http 解析；matplotlib——绘制数据图的库，对于数据科学家或分析师非常有用；NumPy——为 Python 提供了很多高级的数学方法。

在使用第三方库之前，需要先下载并安装该库块，然后就能像使用标准模块和自定义模块那样导入并使用了。下载和安装第三方库，可以使用 Python 提供的 pip 命令实现，该命令能够在 Windows 的命令行程序中执行。

pip 命令的语法格式如下：

pip install | uninstall | list 库名

其中，install、uninstall、list 是常用的命令参数，各自的含义如下：

install：用于安装第三方库，当 pip 使用 install 作为参数时，后面的库名不能省略。

uninstall：用于卸载已经安装的第三方库，选择 uninstall 作为参数时，后面的库名也不能省略。

list：用于显示已经安装的第三方库。

以安装 numpy 库为例（该库用于进行科学计算），可以在命令行窗口中输入以下代码（如图 6-9 所示）：

pip install numpy

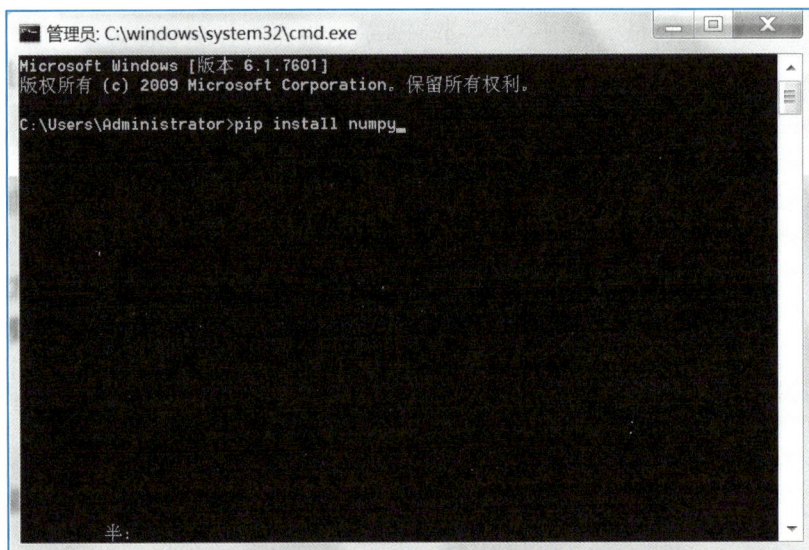

图 6-9　安装 numpy 库

执行此代码，它会在线自动安装 numpy 库。

（2）了解 matplotlib

matplotlib 是受 MATLAB 的启发构建的。MATLAB 是数据绘图领域广泛使用的语言和工具。MATLAB 语言是面向过程的。利用函数的调用，在 MATLAB 中可以轻松地利用一行命令来绘制直线，然后再用一系列的函数调整结果。

matplotlib 有一套完全仿照 MATLAB 的函数形式的绘图接口，在 matplotlib. pyplot 模块中。这套函数接口方便 MATLAB 用户过渡到 matplotlib 包。

在绘图结构中，figure 创建窗口，subplot 创建子图。所有的绘画只能在子图上进行。plt 表示当前子图，若没有就创建一个子图。

figure：面板（图），matplotlib 中的所有图像都是位于 figure 对象中，一个图像只能有一个 figure 对象。

subplot：子图，figure 对象下创建一个或多个 subplot 对象（即 axes）用于绘制图像。

（3）设计 matplotlib 库绘制图形的程序

通过 matplotlib 库，可以设计各类绘图程序，例如如下程序：

```
import matplotlib.pyplot as plt


plt.rcParams['font.sans-serif'] = ['Microsoft YaHei']      #定义全局字体
plt.rcParams['xtick.color'] = 'red'                        #定义 x 轴刻度颜色
plt.rcParams['lines.marker'] = 'o'                         #定义线条上点的形状
plt.rcParams['legend.loc'] = 'upper left'                  #定义图例在左上角


x = range(2,26,2)
y = range(0,12)
a = [5,10,15,20,25,30]
b = [3,4,5,6,7,8]


plt.title('This is a title/这是标题')
plt.xlabel('这是 x 轴标题')
plt.ylabel('这是 y 轴标题')
plt.grid(True)
plt.plot(x,y)
plt.plot(a,b)
plt.legend(['图例一','图例二'])


plt.show()
```

在第三方库的引用中，通常使用 import 命令，本程序中的 "import matplotlib. pyplot as plt" 即用于导入 matplotlib 库的 pyplot 画图模块，并命名对象为 plt；接下来的四句代码对格式进行了定义，包括字体、坐标轴刻度颜色等；再接下来，定义了 x、y 等可迭代对象和 a、b 两个列表，为绘图工作提供数据；最后，使用 plt 对象的各个方法依次绘制了标题、坐标轴标题和各个点、图例文字等。

▶▶ 6.4 实验作业

1. 设计应用 while 循环结构的 Python 程序，计算 1+2+…+100。
2. 修改并执行牛顿迭代法求平方根的程序，求 200 的平方根，精度为 0.001。

附　录

习　题

▶▶ **习题 1　计算机系统基础测试题**

一、选择题

1. 计算机主机中的 CPU 不包括以下的_____。

A. 运算器　　　　　B. 内存储器　　　　　C. 寄存器　　　　　D. 控制器

2. 计算机 CPU 的主要性能指标不包括以下的_____。

A. 外频　　　　　　B. 转速　　　　　　　C. 核心数　　　　　D. 倍频

3. 在计算机中，数据以_____的方式组织存储。

A. 程序　　　　　　B. 高级语言　　　　　C. 文件　　　　　　D. 软件

4. 计算机最早的应用领域是_____。

A. 科学计算　　　　B. 数据处理　　　　　C. 过程控制　　　　D. CAD/CAM

5. 计算机辅助制造的简称是_____。

A. CAD　　　　　　B. CAM　　　　　　　C. CAE　　　　　　D. CBE

6. 冯·诺依曼结构计算机包括：输入设备、输出设备、_____、控制器、运算器五大组成部分。

A. 处理器　　　　　B. 存储器　　　　　　C. 显示器　　　　　D. 模拟器

7. 一条指令通常由_____和操作数两个部分组成。

A. 程序　　　　　　B. 操作码　　　　　　C. 机器码　　　　　D. 二进制数

8. 在冯·诺依曼计算机模型中，存储器是指_____单元。

A. 内存　　　　　　B. 外存　　　　　　　C. 缓存　　　　　　D. 闪存

9. 能够直接与 CPU 进行数据交换的存储器称为_____。

A. 外存　　　　　　B. 内存　　　　　　　C. 缓存　　　　　　D. 闪存

10. 通常所说的_____，反映了指令执行周期的长短。

A. 核心数　　　　　B. 平均寻道时间　　　C. CPU 主频　　　　D. 存储容量

11. 计算机科学的奠基人之一_____。

A. 查尔斯·巴贝奇　　　　　　　　　　　B. 图灵

C. 阿塔诺索夫　　　　　　　　　　　　　D. 冯·诺依曼

12. 美国宾夕法尼亚大学 1946 年研制成功了一台大型通用数字电子计算机_____。

A. ENIAC   B. Apple Ⅱ   C. IBM PC   D. Pentium

13. 第四代计算机采用大规模和超大规模_____作为主要电子元器件。

A. 微处理器   B. 集成电路   C. 存储器   D. 晶体管

14. 计算机朝着大型化、微型化和_____等方向发展。

A. 科学化   B. 商业化   C. 网络化   D. 实用化

15. 计算机中最重要的核心部件是_____。

A. CPU   B. DRAM   C. CD-ROM   D. CRT

二、填空题

1. 用_____编写的程序计算机能直接识别。

2. 第一代电子计算机采用的物理器件是_____。

3. 运算器是执行_____和逻辑运算的部件。

4. 根据用途及其使用的范围，计算机可以分为_____和专用机。

5. 微型计算机的种类很多，主要分成台式计算机、笔记本电脑和_____。

6. 现代计算机被看成是由_____与外设两大部分组成。

7. 没有安装任何软件的计算机称为_____。

8. 为了能存取内存的数据，每个内存单元必须有一个唯一的编号，称为_____。

◀▶ 参考答案

一、选择题

1. B   2. B   3. C   4. A   5. B   6. B   7. B   8. A   9. C   10. C

11. B   12. A   13. B   14. C   15. A

二、填空题

1. 机器语言   2. 电子管   3. 算术运算   4. 通用机

5. 个人数字助理（PDA）   6. 主机   7. 裸机   8. 地址

习题 2　操作系统基础测试题

一、选择题

1. 在 Windows 中，全/半角转换的默认热键是_____。

A．Ctrl+Space　　　　B．Ctrl+Alt　　　　C．Shift+Space　　　　D．Ctrl+Shift

2. 改变资源管理器中的文件夹图标大小的命令是在资源管理器的_____选项卡中。

A．文件　　　　B．编辑　　　　C．查看　　　　D．工具

3. 查看磁盘驱动器上文件夹的层次结构可以在_____。

A．我的公文包　　　　　　　　　B．任务栏

C．Windows 资源管理器　　　　D．"开始"菜单中的"搜索"命令

4. 关于添加打印机，正确的描述是_____。

A．在同一操作系统中只能安装一台打印机

B．Windows 不能安装网络打印机

C．可以安装多台打印机，但同一时间只有一台打印机是默认的

D．以上都不对

5. 在 Windows 附件中可对图像文本（包括传真文档和扫描图像）进行查看、批注和执行基本任务的工具是_____。

A．记事本　　　　B．写字板　　　　C．画图　　　　D．映像

6. 在 Windows 资源管理器窗口中，若文件夹图标前面含有 "−" 号，表示_____。

A．含有未展开的文件夹　　　　B．无子文件夹

C．子文件夹已展开　　　　　　D．可选

7. 在 Windows 中，可使用桌面上的_____来浏览和查看系统提供的所有软硬件资源。

A．我的公文包　　　　B．回收站　　　　C．此电脑　　　　D．网上邻居

8. 在 Windows 中，要选中不连续的文件或文件夹，先用鼠标单击第一个，然后按住_____键，单击要选择的各个文件或文件夹。

A．Alt　　　　B．Shift　　　　C．Ctrl　　　　D．Esc

9. "回收站"是_____文件存放的容器，通过它可恢复误删的文件。

A．已删除　　　　B．关闭　　　　C．打开　　　　D．活动

10. 清除"开始"菜单"文档"项中的文件列表的正确方法是_____。

A．在"任务栏和开始菜单属性"对话框的"开始菜单"选项卡中单击"清除"按钮

B．用鼠标右键把文件列表拖到"回收站"上

C．通过鼠标右键快捷菜单中的"删除"选项

D．通过"资源管理器"进行删除

11. 在 Windows 窗口中，用鼠标拖动_____，可以移动整个窗口。

A. 菜单栏 B. 标题栏 C. 工作区 D. 状态栏

12. 在 Windows 中选取某一菜单后，若菜单项后面带有省略号（...），则表示_____。

A. 将弹出对话框 B. 已被删除

C. 当前不能使用 D. 该菜单项不可用

13. 在 Windows 中，若将剪贴板上的信息粘贴到某个文档窗口的插入点处，正确的操作是_____。

A. 按 Ctrl+X 键 B. 按 Ctrl+V 键 C. 按 Ctrl+C 键 D. 按 Ctrl+Z 键

14. 在 Windows 中，"任务栏"的主要功能是_____。

A. 显示当前窗口的图标 B. 显示系统的所有功能

C. 显示所有已打开过的窗口图标 D. 实现任务间的切换

15. 在 Windows 资源管理器的左窗口中，单击文件夹中的图标，_____。

A. 在左窗口中显示其子文件夹

B. 在左窗口中扩展该文件夹

C. 在右窗口中显示该文件夹中的文件

D. 在右窗口中显示该文件夹中的子文件夹和文件

16. "画图"程序可以实现_____。

A. 编辑文档 B. 查看和编辑图片

C. 编辑超文本文件 D. 制作动画

17. 下列情况在"网络邻居"中不可以实现的是_____。

A. 访问网络上的共享打印机 B. 使用在网络上共享的磁盘空间

C. 查找网络上特定的计算机 D. 使用他人计算机上未共享的文件

18. 要退出屏幕保护但不知道密码，可以_____。

A. 按 Ctrl+Alt+Delete 键，当出现关闭程序对话框时，选择"屏幕保护程序"然后单击"结束任务"就可以终止屏幕保护程序

B. 按 Alt+Tab 键切换到其他程序中

C. 按 Alt+Esc 键切换到其他程序中

D. 以上都不对

19. 在 Windows 中默认的键盘中西文切换方法是_____。

A. 按 Ctrl+Space 键 B. 按 Ctrl+Shift 键

C. 按 Ctrl+Alt 键 D. 按 Shift+Alt 键

20. 在 Windows 中用鼠标左键把一文件拖动到同一磁盘的一个文件夹中，实现的功能是_____。

A. 复制 B. 移动 C. 制作副本 D. 创建快捷方式

二、填空题

1. 操作系统具有_____、存储管理、设备管理、文件管理等功能。

2. 在 Windows 中，一个硬磁盘可以分为磁盘主分区和_____。

3. 当用户按下_____键，系统弹出"Windows 任务管理器"对话框。

4. Windows 支持的文件系统有 FAT、FAT32 和_____。

5. 选定多个连续的文件或文件夹，操作步骤为：单击所要选定的第一个文件或文件夹，然后按住_____键，单击最后一个文件或文件夹。

◀▶ 参考答案

一、选择题

1. C   2. C   3. C   4. C   5. C   6. C   7. C   8. C   9. A   10. A

11. B   12. A   13. B   14. D   15. D   16. B   17. D   18. D   19. A   20. B

二、填空题

1. 处理器管理   2. 扩展分区   3. Ctrl+Alt+Del   4. NTFS   5. Shift

习题 3 Office 办公软件基础知识测试题

一、选择题

（一）Word 2016 文字处理

1. Word 2016 的运行环境是_____。

A. DOS　　　　　　B. UCDOS　　　　　　C. WPS　　　　　　D. Windows

2. Word 2016 文档文件的扩展名是_____。

A. .txt　　　　　　B. .wps　　　　　　C. .docx　　　　　　D. .bmp

3. 打开 Word 2016 文档一般是指_____。

A. 把文档的内容从磁盘调入内存，并显示出来

B. 把文档的内容从内存中读入，并显示出来

C. 显示并打印出指定文档的内容

D. 为指定文件开设一个新的、空的文档窗口

4. Word 2016 中_____视图方式使得显示效果与打印预览基本相同。

A. 普通　　　　　　B. 大纲　　　　　　C. 页面　　　　　　D. 主控文档

5. "文件"下拉菜单底部所显示的文件名是_____。

A. 正在使用的文件名　　　　　　　　B. 最近被 Word 处理的文件名

C. 正在打印的文件名　　　　　　　　D. 扩展名为.doc 的文件名

6. Word 编辑状态下，利用_____可快速、直接调整文档的左右边界。

A. 格式栏　　　　　B. 工具栏　　　　　C. 菜单　　　　　D. 标尺

7. 工具栏、标尺、段落标记的显示与隐藏切换是通过_____选项卡完成的。

A. 格式　　　　　　B. 工具　　　　　　C. 视图　　　　　　D. 编辑

8. "剪贴板"组中的"复制"命令的功能是将选定的文本或图形_____。

A. 复制到剪贴板　　　　　　　　　　B. 由剪贴板复制到插入点

C. 复制到文件的插入点位置　　　　　D. 复制到另一个文件的插入点位置

9. 选择纸张大小，可以在"文件"菜单中选择_____命令设置。

A. 打印　　　　　　B. 打印预览　　　　C. 页面设置　　　　D. 版面设置

10. 在 Word 2016 中，可使用_____选项卡中的"页眉和页脚"命令，建立页眉和页脚。

A. 编辑　　　　　　B. 插入　　　　　　C. 视图　　　　　　D. 文件

11. Word 2016 具有分栏功能，下列关于分栏的说法中正确的是_____。

A. 最多可以分 4 栏　　　　　　　　　B. 各栏的宽度必须相同

C. 各栏的宽度可以不同　　　　　　　D. 各栏之间的间距是固定的

12. 在 Word 2016 编辑状态下，将插入点定位于一张 3×4 表格中的某个单元格内，执行"插入"选项卡"表格"组中的"表格"命令，在出现的"创建表"对话框里选择三

个单元格，单击"确认"按钮后，则表格中新增加的部分是_____。

    A. 可筛选的三个单元格   B. 整张表格

    C. 插入点所在的列   D. 插入点所在的行

13. 在 Word 2016 文档中插入图形，下列方法_____是不正确的。

    A. 直接利用绘图工具绘制图形

    B. 选择"文件"菜单中的"打开"命令，再选择某个图形文件名

    C. 选择"插入"选项卡"插图"组中的"图片"命令，再选择某个图形文件名

    D. 利用剪贴板将其他应用程序中图形粘贴到所需文档中

14. 目前在打印预览状态，若要打印文件_____。

    A. 只能在打印预览状态打印

    B. 在打印预览状态不能打印

    C. 在打印预览状态也可以直接打印

    D. 必须退出打印预览状态后才可以打印

（二）Excel 2016 电子表格处理

15. 如果同时将单元格的格式和内容进行复制则应该在"开始"选型卡中选择_____命令。

    A. 粘贴   B. 选择性粘贴

    C. 粘贴为超链接   D. 链接

16. Excel 2016 默认的新建文件名是_____。

    A. Sheet1   B. Excel1   C. Book1   D. 文档 1

17. 在 Excel 2016 中，要进行计算，单元格首先应该输入的是_____。

    A. =   B. −   C. ×   D. √

18. 下列_____不是自动填充选项。

    A. 复制单元格   B. 时间填充

    C. 仅填充格式   D. 以序列方式填充

19. 工作表 A1~A4 单元格的内容依次是 5、10、15、0，B2 单元格中的公式是"=A1*2^3"，若将 B2 单元格的公式复制到 B3，则 B3 单元格的结果是_____。

    A. 60   B. 80   C. 8 000   D. 以上都不对

20. Excel 2016 默认的文件扩展名是_____。

    A. .txt   B. .exl   C. .xlsx   D. .wks

21. 如果 A1:A5 包含数字 10、7、9、27 和 2，则_____。

    A. SUM（A1:A5）等于 10   B. SUM（A1:A3）等于 26

    C. AVERAGE（A1&A5）等于 11   D. AVERAGE（A1:A3）等于 7

22. 在选择图表类型时，用来显示某个时期内在相同时间间隔内的变化趋势，应选择_____。

    A. 柱形图   B. 条形图   C. 折线图   D. 面积图

23. 在 Excel 2016 中，若要为表格设置边框，应该选择"开始"选项卡中"单元格"

组的"格式"中的_____命令。

    A. 设置单元格格式   B. 可见性

    C. 组织工资表   D. 工作表

24. 在行号和列号前加 $ 符号，代表绝对引用。绝对引用表 Sheet2 中从 A2 到 C5 区域的公式为_____。

    A. Sheet2!A2:C5   B. Sheet2! $A2:$C5

    C. Sheet2! $A$2:$C$5   D. Sheet2! $A2:C5

25. 如果要对一个区域中各行数据求和，应用_____函数，或使用工具栏中的 ∑ 按钮进行运算。

    A. average   B. sum   C. sun   D. sin

26. 在 Excel 2016 中，关于"选择性粘贴"的叙述错误的是_____。

    A. 选择性粘贴可以只粘贴格式

    B. 选择性粘贴只能粘贴数值型数据

    C. 选择性粘贴可以将源数据的排序旋转 90°，即"转置"粘贴

    D. 选择性粘贴可以只粘贴公式

27. 下列关于排序操作的叙述中正确的是_____。

    A. 排序时只能对数值型字段进行排序，对于字符型的字段不能进行排序

    B. 排序可以选择字段值的升序或降序两个方向分别进行

    C. 用于排序的字段称为"关键字"，在 Excel 中只能有一个关键字段

    D. 一旦排序后就不能恢复原来的记录排列

28. 在自定义"自动筛选"对话框中，可以用_____复选框指定多个条件的筛选。

    A. !   B. 与   C. +   D. 非

29. 在 Excel 2016 中，下面关于分类汇总的叙述错误的是_____。

    A. 分类汇总前数据必须按关键字字段排序

    B. 分类汇总的关键字段只能是一个字段

    C. 汇总方式只能是求和

    D. 分类汇总可以删除，但删除汇总后排序操作不能撤销

（三）PowerPoint 2016 演示文稿制作

30. PowerPoint 2016 是一个_____软件。

    A. 字处理   B. 字表处理

    C. 演示文稿制作   D. 绘图

31. PowerPoint 2016 幻灯片默认的文件扩展名是_____。

    A. .pptx   B. .pot   C. .dot   D. .ppz

32. 在需要整体观察幻灯片时，应该选择_____。

    A. 大纲视图   B. 普通视图

    C. 幻灯片放映视图   D. 幻灯片浏览视图

33. 插入一张新幻灯片按钮为_____。

A. B. C. D.

34. 当在幻灯片中插入了声音以后，幻灯片中将会出现_____。

A. 喇叭标记 B. 一段文字说明

C. 链接说明 D. 链接按钮

35. 要使所制作背景对所有幻灯片生效，应在"背景"对话框中选择_____。

A. 应用 B. 取消 C. 全部应用 D. 确定

36. 为所有幻灯片设置统一的、特有的外观风格，应使用_____。

A. 母版 B. 配色方案 C. 自动版式 D. 幻灯片切换

37. 在 PowerPoint 2016 中一共提供了_____种母版。

A. 1 B. 2 C. 3 D. 4

38. 当在交易会进行广告片的放映时，应选择_____放映方式。

A. 演讲者放映 B. 观众自行放映

C. 在展台浏览 D. 需要时按下某键

39. 当需要将幻灯片转移至其他地方放映时，应_____。

A. 将幻灯片文稿发送至 A 盘

B. 将幻灯片打包

C. 设置幻灯片的放映效果

D. 将幻灯片分成多个子幻灯片，以存入磁盘

二、填空题

（一）Word 2016 文字处理

1. 在 Word 2016 中，要选定多段文档，可通过_____操作方式实现。

2. 在 Word 2016 中插入的图片有浮动式和嵌入式两种显示形式，默认插入的图片是_____式。

3. 在 Word 2016 中创建目录前应先对文档_____。

4. 在 Word 2016 中，选择"插入"选项卡"文本"组中的_____命令可为段落增添特色，使段落的第一个字放大。

5. Word 2016 提供了自动保存功能，执行"文件"选项卡中的_____命令，选择"保存"选项卡，并在其中设定自动保存时间间隔即可。

6. 在 Word 2016 的编辑状态下，要取消 Word 2016 主窗口显示的"快捷访问工具栏"，应使用_____选项卡中的"选项"命令。

7. 在 Word 2016 中要统计文档中的字符数通过_____命令来实现。

8. 在 Word 2016 编辑状态下，若对上一步所做的操作不满意，可单击工具栏上的_____按钮重新操作。

9. 在 Word 2016 中，段落的对齐方式有左对齐、右对齐、居中、分散对齐和_____。

10. 在 Word 2016 中，设置段落的缩进除了使用"开始"选项卡中的"段落"命令以外，还可以直接通过_____完成。

（二）Excel 2016 电子表格处理

11. 在 Excel 2016 工作表的单元格 D6 中有公式"= $B$2+C6"，将 D6 单元格的公式复制到 C7 单元格内，则 C7 单元格的公式为_____。

12. Excel 2016 中的"："为区域运算符，对两个引用之间，包括两个引用在内的所有单元格进行引用，表示 B5 到 B10 所有单元格的引用_____。

13. 在 Excel 2016 工作表中，某单元格位于工作表中的第 5 行第 4 列，则该单元格的相对地址为_____。

14. Excel 2016 具有筛选数据的功能，经过筛选后，在工作表中只能看到符合条件的数据行，数据的筛选方式有自动筛选和_____。

15. Excel 2016 中第一张工作表的名称默认用_____表示。

16. Excel 2016 中对数据列表进行分类汇总以前，必须先对作为分类依据的字段进行_____操作。

17. Excel 2016 中要对数据输入进行合法性检验，则通过 Excel 的_____命令进行有关的设置来实现。

18. Excel 2016 中函数 AVERAGE(A1:A3) 相当于用户输入的_____公式。

19. Excel 2016 中要使用函数将区域 A1:A8 中的数值相加并将结果填入 A9 单元格，可在单元格 A9 中输入_____。

20. Excel 2016 中最常用的数据管理功能包括排序、筛选、数据透视表和_____。

（三）PowerPoint 2016 演示文稿制作

21. 在 PowerPoint 2016 中，可以为文本、图形等对象设置动画效果，以突出重点或增加演示文稿的趣味性。设置动画效果可采用_____选项卡的"自定义动画"命令。

22. 在 PowerPoint 2016 中，在_____和_____视图下可以改变幻灯片的顺序。

23. 在 PowerPoint 2016 中，可以对幻灯片进行移动、删除、复制、设置动画效果，但不能对单独的幻灯片的内容进行编辑的视图是_____。

24. 在 PowerPoint 2016 中，如果向幻灯片添加现场录制的声音效果，可以选择"插入"选项卡中"媒体"组中的_____选项。

25. 在 PowerPoint 2016 中，如果想让公司的标志以相同的位置出现在每张幻灯片上，不必在每张幻灯片上插上该标志，只要将标志放在"视图"选项卡中，"母版视图"组的_____上，该幻灯片就会自动地出现在演示文稿的每张幻灯片上。

26. 在 PowerPoint 2016 中创建新演示文稿一般可以通过"内容提示向导"、_____、"空演示文稿"三种方式。

27. 在 PowerPoint 2016 中，创建一个演示文稿，就是建立一个以_____为扩展名的 PowerPoint 文件。

28. 在 PowerPoint 2016 中，若为幻灯片中的对象设置动画，可使用预设动画或_____命令。

29. 在 PowerPoint 2016 中，播放幻灯片可以使用水平滚动条左侧的"幻灯片放映"视图按钮，可以使用"幻灯片放映"选项卡中的"观看放映"命令，还可以使用_____

选项卡的"幻灯片放映"命令，还可以利用快捷键_____。

30. 在 PowerPoint 2016 中创建超链接的方法是选择"插入"选项卡中的_____命令。

参考答案

一、选择题

（一）Word 2016 文字处理

1. D   2. C   3. A   4. C   5. B   6. D   7. C   8. A   9. C   10. B

11. C   12. B   13. B   14. C

（二）Excel 2016 电子表格处理

15. A   16. C   17. A   18. C   19. B   20. C   21. C   22. C   23. A   24. C

25. B   26. B   27. B   28. B   29. C

（三）PowerPoint 2016 演示文稿制作

30. C   31. A   32. D   33. B   34. A   35. C   36. A   37. D   38. C   39. B

二、填空题

（一）Word 2016 文字处理

1. Ctrl+鼠标拖动   2. 嵌入   3. 利用样式对文档进行多级格式化   4. 首字下沉

5. 选项   6. 视图   7. "工具"→"字数统计"   8. 撤销   9. 两端对齐

10. 水平标尺

（二）Excel 2016 电子表格处理

11. =$B$2+B7   12. B5:B10   13. D5   14. 高级筛选   15. Sheet1

16. 排序   17. "数据"→"有效性"   18. =（A1+A2+A3)/3

19. =SUM（A1:A8)   20. 分类汇总

（三）PowerPoint 2016 演示文稿制作

21. "动画"   22. 大纲视图、幻灯片浏览   23. 幻灯片浏览视图

24. 影片和声音   25. 母版   26. 设计模板   27. .pptx   28. 自定义动画

29. 视图、F5   30. 超级链接

▶▶ 习题 4　计算机网络基础测试题

一、选择题

1. 计算机网络最突出的优点是_____。

A. 运算速度快　　　　B. 运算精度高　　　　C. 存储容量大　　　　D. 资源共享

2. 网络软件主要由_____、网络系统软件组成。

A. 协议软件　　　　　　　　　　　　B. 通信软件

C. 服务器操作系统　　　　　　　　　D. 网络应用软件

3. 广域网中最常用的协议是_____。

A. ATM　　　　　　B. TCP/IP　　　　　C. X. 25　　　　　D. CSMA/CD

4. 计算机通信就是将一台计算机产生的数字信号通过_____传送给另一台计算机。

A. 数字信道　　　　B. 通信信道　　　　C. 模拟信道　　　　D. 信道

5. 中心结点出现故障会造成全网瘫痪的网络拓扑结构是_____。

A. 星形　　　　　　B. 环形　　　　　　C. 令牌型　　　　　D. 总线型

6. 下列属于计算机网络通信设备的是_____。

A. 显卡　　　　　　B. 网线　　　　　　C. 音响　　　　　　D. 声卡

7. 调制解调器用于完成计算机数字信号与_____之间的转换。

A. 电话线上的数字信号　　　　　　　B. 同轴电线上的音频信号

C. 同轴电缆上的数字信号　　　　　　D. 电话线上的模拟信号

8. 把计算机网络分为有线网和无线网的主要分类依据是_____。

A. 网络成本　　　　　　　　　　　　B. 网络的物理位置

C. 网络的传输介质　　　　　　　　　D. 网络的拓扑结构

9. 以下关于 OSI/RM 的叙述中，错误的是_____。

A. OSI/RM 是由 ISO 制定的　　　　　B. 物理层负责数据的传送

C. 网络层负责数据打包后再传送　　　D. 最下面两层为物理层和数据链路层

10. 两个同类网络互连的设备是_____。

A. 防火墙　　　　　B. 服务器　　　　　C. 网桥　　　　　　D. 调制解调器

11. OSI/RM 的中文含义是_____。

A. 网络通信协议　　　　　　　　　　B. 国家信息基础设施

C. 开放系统互连参考模型　　　　　　D. 公共数据通信网

12. 两个通信对象在进行通信时，必须共同遵守的一系列规则和约定称为_____。

A. OSI 参考模型　　　　　　　　　　B. 网络操作系统

C. 通信协议　　　　　　　　　　　　D. 网络通信软件

13. 为网络提供共享资源并对这些资源进行管理的计算机称之为_____。

A. 服务器　　　　　B. 工作站　　　　　C. 网卡　　　　　　D. 网桥

14. 从网络覆盖范围来分，校园网属于_____。

A. 广域网   B. 局域网   C. 电话网   D. 城域网

15. 以下属于数据链路层的设备是_____。

A. 路由器   B. 交换机   C. 集线器   D. 网关

16. B 类 IP 地址的每个网络号所包含的有效主机数为_____。

A. 254   B. 1 024   C. 66 534   D. 16 777 214

17. 以太网 10BASE-T 代表的含义是_____。

A. 10 Mbit/s 基带传输的粗缆以太网

B. 10 Mbit/s 基带传输的双绞线以太网

C. 10 Mbit/s 基带传输的细缆以太网

D. 10 Mbit/s 宽带传输的双绞线以太网

18. 常用的通信有线介质包括双绞线和_____。

A. 微波   B. 红外线   C. 光缆   D. 激光

19. _____多用于不同网络之间的互连。

A. 中继器   B. 网桥   C. 路由器   D. 防火墙

20. 在地址栏中输入的 http://www.moe.gov.cn，www.moe.gov.cn 是一个_____。

A. 邮箱   B. 文件   C. 域名   D. 国家

21. 开放系统互连参考模型的基本结构分为_____层。

A. 4   B. 5   C. 6   D. 7

22. 在 OSI/RM 模型中，把传输的比特流划分为帧的是_____。

A. 传输层   B. 网络层   C. 会话层   D. 数据链路层

23. 互联网是指_____。

A. 同种类型的网络及其产品相互连接起来

B. 同种或异种类型的网络及其产品相互连接起来

C. 大型主机与远程终端相互连接起来

D. 若干台大型主机相互连接起来

24. 用户想使用电子邮件功能，就应当_____。

A. 向附近的邮局申请，办理建立一个自己专用的信箱

B. 将自己的计算机通过网络与附近的一个邮局连起来

C. 通过电话得到一个电子邮局的服务支持

D. 通过网络申请一个 E-mail 邮箱

25. 下列合法的 IP 地址是_____。

A. 190.220.5   B. 206.53.3.78

C. 202.53.312.78   D. 123，43，82，220

26. http 是一种_____。

A. 高级程序设计语言   B. 域名

C. 超文本传输协议   D. 网址

27. 在浏览器输入网址浏览网页时，首先要使用＿＿＿＿＿＿服务器将域名转换为 IP 地址。

A. UNIX   B. URL   C. ISDN   D. DNS

28. www.csust.edu.cn 是中国＿＿＿＿＿＿的站点。

A. 政府部门   B. 军事部门

C. 工商部门   D. 教育部门

29. 下列软件中可以查看 WWW 信息的是＿＿＿＿＿＿。

A. 游戏软件   B. 浏览器软件

C. 财务软件   D. 杀毒软件

30. Intenet 的通信协议是＿＿＿＿＿＿。

A. X. 25   B. CSMA/CD   C. TCP/IP   D. CSMA

二、填空题

1. 调制解调器可以实现模拟信号和数字信号之间的转换，也就是说它既可以实现调制又可以实现解调的功能，那么将模拟信号转换为数字信号称为＿＿＿＿＿＿。

2. 在星形拓扑、环形拓扑、总线型拓扑结构中，故障诊断和隔离比较容易的一种网络拓扑是＿＿＿＿＿＿。

3. 在计算机网络上，网络的主机之间传送数据和通信是通过一定的＿＿＿＿＿＿进行的。

4. 一般来讲，一个典型的计算机网络由通信子网和＿＿＿＿＿＿组成。

5. 计算机网络按分布覆盖的范围，通常分为＿＿＿＿＿＿、＿＿＿＿＿＿和城域网。

6. ＿＿＿＿＿＿是每台主机在 Internet 上必须有的一个唯一的标识。

7. OSI 模型有＿＿＿＿＿＿、数据链路层、＿＿＿＿＿＿、传输层、会话层、表示层和应用层七个层次。

8. 在计算机网络中，为网络提供共享资源的基本设备是＿＿＿＿＿＿。

9. IP 地址采用分层结构，由＿＿＿＿＿＿和主机地址组成。

10. 当主机之间通信时，通过子网掩码与 IP 地址的＿＿＿＿＿＿运算，可分离出网络地址。

11. 电子邮箱的地址是 shanghai@ cctv.com.cn，其中 cctv.com.cn 表示＿＿＿＿＿＿。

12. 在 Internet 上的各种网络和各种不同类型的计算机相互通信的基础协议是＿＿＿＿＿＿。

13. 因特网中，＿＿＿＿＿＿用于将域名转换为 IP 地址。

14. 电子公告板的英文缩写是＿＿＿＿＿＿，它提供一块公共电子白板，每个用户都可以在上面书写内容、发布信息或提出看法。

15. 通过＿＿＿＿＿＿服务，用户可以从一个 Internet 主机向本地计算机"下载"文件，或从本地计算机向一个 Internet 主机"上传"文件。

◀▶ 参考答案

一、选择题

1. D   2. D   3. B   4. D   5. A   6. B   7. D   8. C   9. C   10. C

11. C 　12. C 　13. A 　14. B 　15. B 　16. C 　17. B 　18. C 　19. C 　20. C
21. D 　22. D 　23. B 　24. D 　25. B 　26. C 　27. D 　28. D 　29. B 　30. C

二、填空题

1. 解调　　2. 星形拓扑　　3. 网络协议　　4. 资源子网　　5. 局域网、广域网
6. IP 地址　　7. 物理层、网络层　　8. 服务器　　9. 网络地址　　10. "逻辑与"
11. 邮件服务器　　12. TCP/IP　　13. 域名服务器（DNS）　　14. BBS
15. FTP（文件传输）

▶▶ 习题 5　综合试题

一、选择题

1. 若 Windows 的菜单命令后面有省略号（...），就表示系统在执行此菜单命令时需要通过_____询问用户，获取更多的信息。

    A. 窗口　　　　　　　B. 文件　　　　　　　C. 对话框　　　　　　　D. 控制面板

2. 双击鼠标左键一般表示_____。

    A. "选中"，"打开" 或 "拖放"

    B. "选中"，"指定" 或 "切换到"

    C. "拖放"，"指定" 或 "启动"

    D. "启动"，"打开" 或 "运行"

3. 下面是关于 Windows 文件名的叙述，错误的是_____。

    A. 文件名中允许使用汉字

    B. 文件名中允许使用多个圆点分隔符

    C. 文件名中允许使用空格

    D. 文件名中允许使用竖线 "|"

4. 一台计算机主要由运算器、控制器、存储器、_____及输出设备等部件构成。

    A. 屏幕　　　　　　　B. 输入设备　　　　　　C. 磁盘　　　　　　　D. 打印机

5. 在 Windows 的中文输入法选择操作中，以下_____说法是不正确的。

    A. 按 Ctrl+Space 键可以切换中/英文输入法

    B. 按 Shift+Space 键可以切换全/半角输入状态

    C. 按 Ctrl+Shift 键可以切换其他已安装的输入法

    D. 按右 Shift 键可以关闭汉字输入法

6. ALU 的中文含义是_____。

    A. 中央处理器　　　　　　　　　　　B. 存储器

    C. 运算器　　　　　　　　　　　　　D. 控制器

7. Excel 工作表最多有_____列。

    A. 65 535　　　　　B. 256　　　　　　　C. 254　　　　　　　D. 258

8. 对处于还原状态的 Windows 应用程序窗口，不能实现的操作是_____。

    A. 最小化　　　　　B. 最大化　　　　　C. 移动　　　　　D. 旋转

9. 在 Windows 中，文件名中不能包括的符号是_____。

    A. #　　　　　　　　B. >　　　　　　　　C. ~　　　　　　　　D. ；

10. 打印页码 4~10，16，20，表示打印的是_____。

    A. 第 4 页，第 10 页，第 15 页，第 20 页

    B. 第 4 页至第 10 页，第 16 页至第 20 页

C. 第 4 页至第 10 页，第 16 页，第 20 页

D. 第 4 页至第 10 页，第 16 页，第 21 页

11. 第一台电子计算机 ENIAC 诞生于_____年。

A. 1927   B. 1936   C. 1946   D. 1951

12. 以下软件中，_____不是操作系统软件。

A. Windows   B. UNIX   C. Linux   D. Microsoft Office

13. 在 Windows 的回收站中，可以恢复_____。

A. 从硬盘中删除的文件或文件夹   B. 从软盘中删除的文件或文件夹

C. 剪切掉的文档   D. 从光盘中删除的文件或文件夹

14. 计算机字长取决于_____的宽度。

A. 地址总线   B. 通信总线

C. 数据总线   D. 控制总线

15. 所谓计算机病毒，是指_____。

A. 能破坏计算机系统各种资源的小程序或操作命令

B. 特制的能破坏计算机内的信息且能自我复制的程序

C. 计算机内存存放的，已被破坏的程序

D. 能感染计算机操作者的生物病毒

16. 在"任务栏"中的任何一个按钮都代表着_____。

A. 一个可执行程序   B. 一个正在执行的程序

C. 一个缩小的程序窗口   D. 一个不工作的程序窗口

17. 在 Windows 中，不能打开"资源管理器"窗口的操作是_____。

A. 右击"开始"按钮   B. 单击"任务栏"空白处

C. 右击"任务栏"空白处   D. 右击"我的电脑"图标

18. 在 Windows 中，要改变屏幕保护程序的设置，应首先双击控制面板窗口中的

_____。

A. "多媒体"图标   B. "显示"图标

C. "键盘"图标   D. "系统"图标

19. 在 Windows 中可按 Alt+_____键在多个已打开的程序窗口中进行切换。

A. Enter   B. 空格键   C. Insert   D. Tab

20. 在 Windows 中，为保护文件不被修改，可将它的属性设置为_____。

A. 只读   B. 存档   C. 隐藏   D. 系统

21. 在 Word 中，若编辑页眉和页脚可单击_____菜单。

A. 文件   B. 编辑   C. 插入   D. 视图

22. 双击"此电脑"中 Word 程序的图标，将_____。

A. 启动 Word 程序，并自动建立一个名为"文档 1"的新文档

B. 启动 Word 程序，并打开此文档

C. 在打印机上打印文档

D. 启动 Word 程序，但不建立新文档也不打开此文档

23. 在 Word 的编辑状态，执行"开始"选项卡中的"粘贴"命令后_____。

A. 被选择的内容移到插入点　　　　B. 被选择的内容移到剪贴板

C. 剪贴板中的内容移到插入点　　　　D. 剪贴板中的内容复制到插入点

24. 在 Word 文档编辑中，复制文本使用的快捷键是_____。

A. Ctrl+C　　　　B. Ctrl+A　　　　C. Ctrl+Z　　　　D. Ctrl+V

25. 在 Word 中，在页面设置选项中，系统默认的纸张大小是_____。

A. A4　　　　B. B5　　　　C. A3　　　　D. 16 开

26. 进入 Excel 编辑环境后，系统将自动创建一个工作簿，名为_____。

A. Book1　　　　B. 文档 1　　　　C. 文件 1　　　　D. 未命名 1

27. 新建 Excel 工作簿中默认有_____张工作表。

A. 2　　　　B. 3　　　　C. 4　　　　D. 5

28. 在 Excel 中，在第 n 行之前插入一行，以下_____不能实现。

A. 在活动单元格中，单击右键，选择菜单中的"插入"，再选择"整行"

B. 选中第 n 行，单击右键，选择菜单中的"插入"

C. 选中第 n 行，选择"格式"选项卡中的"行"命令

D. 选中第 n 行，选择"开始"选项卡中的"单元格"组中的"插入"命令，单击"插入工作表行"

29. 在 Excel 工作表的单元格中输入公式时，应先输入_____号。

A. '　　　　B. @　　　　C. &　　　　D. =

30. 下列选项中，属于对 Excel 工作表单元格绝对引用的是_____。

A. B2　　　　B. ￥B￥2　　　　C. $B2　　　　D. $B$2

31. 在 Excel 中，工作簿文件的扩展名是_____。

A. .docx　　　　B. .txt　　　　C. .xlsx　　　　D. .pot

32. 在 PowerPoint 中，下列说法中错误的是_____。

A. 可以动态显示文本和对象

B. 图表中的元素不可以设置动画效果

C. 可以设置幻灯片切换效果

D. 可以在演示文稿内使用幻灯片副本

33. 在 PowerPoint 中，下面_____不是合法的"打印内容"选项。

A. 幻灯片　　　　B. 备注页　　　　C. 讲义　　　　D. 幻灯片浏览

34. 能够快速改变演示文稿的背景图案和配色方案的操作是_____。

A. 编辑母版

B. 使用"设计"选项卡中的"自定义"组

C. 使用"设计"选项卡中的"变体"组

D. 使用"插入"选项卡中的加载项命令

35. 电子邮件是 Internet 应用最广泛的服务项目，通常采用的传输协议是_____。

A. SMTP   B. TCP/IP   C. CSMA/CD   D. IPX/SPX

36. 目前网络传输介质中传输速率最高的是_____。

A. 双绞线   B. 同轴电缆   C. 光缆   D. 电话线

37. 统一资源定位符的英文简称是_____。

A. TCP/IP   B. DDN   C. URL   D. IP

38. 下面 IP 地址中，正确的是_____。

A. 202.9.1.12   B. CX.9.23.01

C. 202.122.202.345.34   D. 202.156.33.D

39. 用户要想在网上查询 WWW 信息，必须要安装并运行一个被称为_____的软件。

A. HTTP   B. YAHOO   C. 浏览器   D. 万维网

40. 在使用 Internet Explorer 浏览器时，如果要将感兴趣的网页地址保存起来，以便以后浏览，可以将该网页地址保存在_____。

A. 收藏夹中   B. 文件中   C. 剪贴板中   D. 内存中

二、判断题

1. 多媒体个人电脑的英文缩写是 APC。

2. 四位二进制数对应一位十六进制数。

3. USB 接口只能连接 U 盘。

4. 将 Windows 应用程序窗口最小化后，该程序将立即关闭。

5. 汇编程序就是用多种语言混合编写的程序。

6. Windows 的"任务栏"只能放在桌面的下部。

7. Windows 的"资源管理器"窗口可分为两部分。

8. Windows 中的文件夹实际代表的是存储介质上的一个存储区域。

9. 在 Windows 中，如安装的是第一台打印机，那么它被指定为本地打印机。

10. 一个计算机网络的组成包括通信子网和资源子网。

11. 计算机中常用的单位之间的换算为 1 MB = 1 024×1 024 B。

12. 微型计算机配置高速缓冲存储器是为了解决主机与外设之间速度不匹配的问题。

13. 退出 Windows 的快捷键是 Ctrl+F4。

14. 内存储器中存放的信息可以是数据，也可以是指令，这要根据 CPU 执行程序的过程来判别。

15. 在 Windows 中，不能删除有文件的文件夹。

16. 在 Windows 中，可以利用控制面板或桌面任务栏最右边的时间指示器来设置系统的日期和时间。

17. 在 Windows 中，如果要把整幅屏幕内容复制到剪贴板中，可以按 PrintScreen+Ctrl 键。

18. 在 Windows 中，若要一次选择不连续的几个文件或文件夹，可单击第一个文件，然后按住 Shift 键单击最后一个文件。

19. 在 Windows 中，要更改文件名可用鼠标双击文件名，然后再选择"重命名"，输入新文件名后按回车键。

20. 用 Word 2010 编辑文档时，对插入的图片默认为嵌入版式。

21. Word 对新创建的文档既能执行"另存为"命令，又能执行"保存"命令。

22. 在 Word 中创建一个新文档，将自动命名为"Word1""Word2"…。

23. 在 PowerPoint 中，一张幻灯片必须对应一个演示文件。

24. Excel 中工作表的顺序是不可以人为改变的。

25. 在 Excel 中，可同时打开多个工作簿。

26. 在 Excel 中，删除工作表中对图表有链接的数据，图表将自动删除相应的数据。

27. 在 Excel 工作表的单元格中输入数据后出现########，这是由于数据输入错误所致。

28. 计算机中安装防火墙软件后就可以防止计算机着火。

29. 用 C 语言编写的程序需要用编译程序翻译后计算机才能识别。

30. Word 2016 中给文档设置密码保护是通过单击"文件"选项卡"信息"里的"保护文档"来完成的。

◄► 参考答案

一、选择题

1. C	2. D	3. D	4. B	5. D	6. C	7. B	8. D	9. B	10. C
11. C	12. D	13. A	14. C	15. B	16. B	17. B	18. B	19. D	20. A
21. D	22. A	23. D	24. A	25. A	26. A	27. B	28. C	29. D	30. D
31. C	32. B	33. D	34. C	35. A	36. C	37. C	38. A	39. C	40. A

二、判断题

1. ×	2. √	3. ×	4. ×	5. ×	6. ×	7. √	8. √	9. ×	10. √
11. √	12. ×	13. ×	14. √	15. ×	16. √	17. ×	18. ×	19. ×	20. √
21. √	22. ×	23. ×	24. ×	25. √	26. √	27. ×	28. ×	29. √	30. √

参考文献

［1］李凤霞. 大学计算机实验［M］. 2 版. 北京：高等教育出版社，2020.

［2］教育部考试中心. 全国计算机等级考试二级教程——MS Office 高级应用（2017年版）［M］. 北京：高等教育出版社，2017.

［3］王移芝. 大学计算机学习与实验指导［M］. 5 版. 北京：高等教育出版社，2015.

［4］唐培和，徐奕奕. 计算思维——计算学科导论［M］. 北京：电子工业出版社，2015.

［5］战德臣，张丽杰. 大学计算机——计算思维与信息素养［M］. 3 版. 北京：高等教育出版社，2019.

［6］张太红. Python 二维游戏编程［M］. 北京：中国农业出版社，2015.

［7］赵洁. 大学计算机基础实验教程［M］. 2 版. 北京：中国农业出版社，2011.

［8］刘文洋. 大学计算机基础实验教程［M］. 4 版. 北京：中国农业出版社，2021.

读者意见反馈

为收集对教材的意见建议，进一步完善教材编写并做好服务工作，读者可将对本教材的意见建议通过如下渠道反馈至我社。

咨询电话　400-810-0598

反馈邮箱　gjdzfwb@ pub.hep.cn

通信地址　北京市朝阳区惠新东街 4 号富盛大厦 1 座

　　　　　高等教育出版社总编辑办公室

邮政编码　100029

防伪查询说明

用户购书后刮开封底防伪涂层，使用手机微信等软件扫描二维码，会跳转至防伪查询网页，获得所购图书详细信息。

防伪客服电话　（010）58582300